微尺度换热与分析

Microscale Heat Transfer and Analysis

刘焕玲　沈　汉　谢公南　编著

西安电子科技大学出版社

内 容 简 介

本书总结了作者近些年在微尺度换热方面的研究成果，主要内容包括绪论、等截面直微通道对流换热理论基础及分析、圆形微通道对流换热分析、缝隙微通道对流换热分析、纵向涡发生器的设计与分析、单层微通道内分叉片扰流与对流换热分析、双层微通道制备及对流换热分析、微通道内复杂交错结构对流换热分析、X 形双层交叉构形微通道强化换热分析等。

本书可作为普通高等院校机械电子工程、机械工程等专业研究生的教学用书，也可作为相关工程技术人员的参考书。

图书在版编目(CIP)数据

微尺度换热与分析 / 刘焕玲，沈汉，谢公南编著. -- 西安：西安电子科技大学出版社，2025.4
ISBN 978 - 7 - 5606 - 7110 - 9

Ⅰ. ①微… Ⅱ. ①刘… ②沈… ③谢… Ⅲ. ①对流传热 Ⅳ. ①TK124

中国国家版本馆 CIP 数据核字(2023)第 221226 号

微尺度换热与分析
WEICHIDU HUANRE YU FENXI
策　　划　戚文艳
责任编辑　薛英英　戚文艳
出版发行　西安电子科技大学出版社(西安市太白南路 2 号)
电　　话　(029)88202421　88201467　　　邮　编　710071
网　　址　www. xduph. com　　　　　电子邮箱　xdupfxb001@163.com
经　　销　新华书店
印刷单位　陕西天意印务有限责任公司
版　　次　2025 年 4 月第 1 版　2025 年 4 月第 1 次印刷
开　　本　787 毫米×1092 毫米　1/16　印张　11
字　　数　256 千字
定　　价　29.00 元
ISBN 978 - 7 - 5606 - 7110 - 9 / TK

XDUP 7412001 - 1

＊ ＊ ＊ 如有印装问题可调换 ＊ ＊ ＊

前　言

随着科学技术的发展和现代工业的进步，电子芯片逐渐向高度集成化、微型化的方向发展。然而，高度集成化和微型化带来的高热流密度使得器件内部温度过高，会造成电子器件性能受损，从而使电子芯片寿命缩短。因此，对电子芯片进行冷却成为解决此类问题的重要手段。由于微通道换热器具有尺寸小、单位体积换热面积大和换热能力强等优势，因此在微机电、微电子系统中得到了广泛应用。继微通道换热器的概念提出以来，大量的研究人员都对微通道换热问题进行了实验和理论研究，研究结果表明，微通道结构和尺寸对微通道换热器的换热和流动等性能有很大的影响。所以，微通道换热器的结构优化有非常重要的理论研究前景和现实应用意义。为了丰富这一领域的理论和工程应用，作者结合自己多年在微尺度换热与分析方面的研究，参考国内外相关研究成果，编写了本书。

全书共九章，第 1 章介绍了电子产品的散热问题及其现状以及微通道换热研究现状。第 2 章介绍了典型等截面直微通道对流换热理论基础及分析，推导了典型等截面直微通道内流体流动的控制方程。第 3 章介绍了一种求解圆形微通道能量方程的解析方法，分析了圆形微通道的对流换热特性，并在此基础上给出了工程上需要考虑轴向热传导和黏性耗散的情况。第 4 章介绍了一种缝隙微通道对流换热特性的理论分析方法，描述了缝隙微通道能量方程完备解的求解过程及计算结果。第 5 章介绍了纵向涡发生器的设计方法，主要通过建模、数值模拟、仿真实验等来阐述单管道纵向涡发生器的强化换热机理。第 6 章考察单层分叉片的扰流效应与位距效应对热沉基底峰值温度与温度梯度的影响，并通过实验测试，验证数学模型及求解方法的可靠性。第 7 章提出了双层导流微通道，阐明了双层导流构形内对流换热机理。第 8 章引入熵产最小化概念，从热力学角度深入剖析结构位距与空间交错结构数量对空间交错结构强化换热特性的影响。第 9 章提出了一种 X 形双层交叉构形微通道，深入阐述了冷却工质在 X 形双层交叉构形内的对流换热机理。

由于作者水平有限，书中难免会有不妥之处，恳请读者不吝指正并提出宝贵意见。

作　者
2024 年 8 月

目　录

第1章 绪 论

1.1 电子产品的散热问题及其现状

近年来,电子产品的迅速发展,尤其是大功率、高密度和小型化的发展趋势,使得电子产品的散热问题变得越来越突出,主要表现在以下几个方面:

(1) **功率不断增大导致散热问题严重**。以激光二极管[1]为例:大功率激光二极管在固体激光器、直接材料处理和医药手术中广泛应用,目前激光二极管的输出功率可以达到 100 W,实际最大电流为 100 A,产生的能量中仅有 30%~50%变为光能,其余则变为热能,这些热能需要通过散热系统散发,从而导致器件表面的最大热流密度超过 3000 W/cm²。又如军事电子设备中大量使用的微波功率器件和绝缘栅双极型功率管模块(Insulated Gate Bipolar Transistor,IGBT),其热流密度同样非常惊人[2-3]。据美国海军研究机构统计,目前发射和接收(T/R)组件的最大功率密度超过 500 W/cm²,预计在不久的将来 T/R 组件的功率密度有可能突破 1000 W/cm²,而远期目标有可能达到 8000 W/cm²,其导致的散热问题可想而知。

(2) **高密度、小型化使得电子产品散热问题更加突出**。由于市场竞争的日益激烈,电子产品在不断向结构紧凑、重量轻、外观轻巧的方向发展。中科院正在研制的某超级计算机,机箱尺寸仅为 600 mm×426 mm×171 mm,而内部安装的器件发热功率高达 700 W,导致器件的功率密度不断上升。芯片、PCB 板和机箱的安装密度越来越高。以计算机芯片为例,根据著名的摩尔定律[4],集成电路芯片上元件数目每隔 18 个月就翻一番,芯片上的集成电路不断增加,导致功率密度不断增加。文献[5]对芯片的发展趋势进行了研究(见图 1.1),由图可见从 2001 年到 2009 年,芯片功率密度呈指数趋势发展,大约每三年增长一倍。2009 年末,芯片的功率密度超过 200 W/cm²。超级计算机的组装密度也非常高[6]。IBM 公司于 20 世纪 90 年代初推出的超级计算机基板的总布线层数达 65 层,集成了 680 020 个电路,输入输出(I/O)端口数达 2772。

(3) **传统的散热技术无法满足电子设备的发展需求**。传统的电子产品散热方式有自然冷却、强迫风冷和液冷[7]。其中,自然冷却的散热功率密度达到 0.1 W/cm²,强迫风冷的散热功率密度达到 1~1.5 W/cm²。据资料介绍[8],超过 55%的电子器件失效都是由于温度过高。因此,电子设备散热问题非常突出,成为制约电子设备性能提升的关键之一。

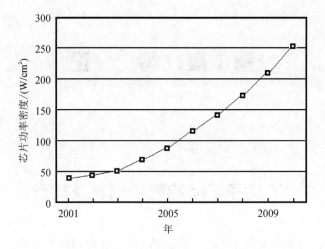

图 1.1 芯片功率密度的增长趋势图

　　电子产品大功率、高密度、小型化的发展趋势使得新散热技术研究变得越来越迫切。近年来，出现了一些散热新技术，如大容器沸腾冷却技术、射流冲击冷却技术、喷雾冷却技术等。新的散热技术极大地提高了电子设备的散热能力。

1. 大容器沸腾冷却技术

　　大容器沸腾(Pool Boiling)冷却结构如图 1.2 所示。冷却系统主要由冷凝器、容器和冷却剂(如绝缘碳氟化合物)组成。器件被浸没在容器内的冷却剂中，工作产生的热使得冷却剂沸腾，气态的冷却剂在浮升力作用下进入容器上部区域，被冷凝器冷凝后再回流到容器中。

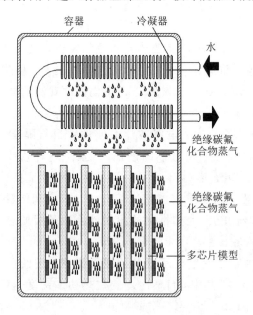

图 1.2 大容器沸腾冷却结构

　　图 1.2 所示的大容器沸腾冷却结构在正常工作时需要满足两个条件：

　　(1) 冷却剂沸点低于器件极限工作温度。由于器件散热的主要途径是冷却剂沸腾带走

热量,因此必须在器件温度达到极限工作温度前使冷却剂沸腾;

(2)器件热流密度要低于临界热流密度。冷却剂沸腾后,如果器件散热的热流密度过大,超过临界热流密度,其周围被气态冷却剂所包围,那么冷却剂将进入稳定模态沸腾,导致器件温度急剧上升,使器件烧坏。

普渡大学的 Mudawar 和 Anderson[9]对提高大容器沸腾冷却性能进行了研究,结果表明:通过改变芯片表面形貌,可使冷却剂温度低于沸点并增加冷却剂的压力。

此外,Bergles 和 Chyu[10],Marto 和 Lepere[11]等人对提高大容器沸腾冷却性能进行了研究。

刘启斌[12]对氟利昂 R22 在蒸发温度为 9.6℃和 5.8℃时的水平单管外的大容器沸腾换热性能进行了实验,实验管为两种双侧高效强化管。实验结果表明:两种强化管的管内对流换热系数是光管的 2.5～3 倍。

上海交通大学的张荣华等人[13],针对倾斜下表面的沸腾换热可模拟球形下表面的沸腾换热,进行了大气压力下倾斜下表面的过冷池沸腾换热实验,并对不同倾斜角度下的沸腾换热进行了测量。结果表明:倾斜角对换热系数的影响仅在小倾斜角时较大。同时,他们还给出了不同倾斜角下换热系数和热流密度的拟合关系式,从而对用于压水堆堆芯熔化时压力容器非能动保护提供了指导。

2. 射流冲击冷却技术

射流冲击(Jet Impingement)冷却技术分为淹没射流(Submerged Jet)和自由表面射流(Free Surface Jet)两种。

射流冲击冷却系统[14]如图 1.3 所示,由喷嘴、热源、冷却剂、换热器、泵和箱体组成。其基本原理是:箱体内的冷却剂在泵的作用下通过喷嘴喷出并冲击器件,器件的热量使冲击在其上面的冷却剂汽化,汽化的冷却剂变成蒸气进入换热器,冷凝后变为液态冷却剂,再流入冷却剂箱体内。

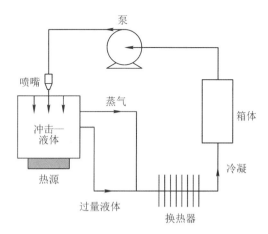

图 1.3　射流冲击冷却示意图

洛克威尔公司的 Bhunia 和 Boutros 等[14]对液体射流冲击进行了研究,结果表明:增大系统压力和流量能够提高换热性能,使喷射器件表面的温度更低。他们对比了液态冷却剂和空气冷却剂的射流冲击换热效果,得到液体换热效果更好的结论。

南京航空航天大学余业珍、张靖周等[15]对涡激励突片的单排圆形射流冲击冷却特性进行了实验研究，研究重点为突片堵塞比、突片形状和突片安装角度对冲击换热特性的影响，结果表明突片的几何形状及安装角对射流冲击换热有较显著的影响，实验还给出了对突片的结构设计。

西安交通大学冷浩[16]等对圆形自由表面水射流冲击换热特性进行了研究，总结了喷距、射流出口速度以及相变等因素和形成机理对换热的影响，得到了驻点换热系数以及局部换热系数沿径向分布的关联式。

四川大学田忠[17]对高速射流最大冲击压强的衰减规律进行了研究，得到以下结论：高速淹没射流形成的底板冲击压强（无量纲数）与射流流程（无量纲数）存在直线关系，当射流流程大于水舌厚度 80 倍以后时，淹没射流产生的冲击压强可以忽略。

3. 喷雾冷却技术

美国佛罗里达中央大学 Chow 和 Sehmbey[18]等人的喷雾冷却基本结构如图 1.4 所示。冷却系统由冷却剂、喷嘴接头、泵和冷凝系统组成。在泵的作用下，冷却剂被输送到喷嘴接头，喷嘴接头喷出微小液滴到器件表面上，在热源表面形成一层冷却液薄膜（简称液膜），小液滴对液膜产生一定的扰动并使得液膜能够产生比大容器沸腾冷却更多的气泡，依靠液膜的蒸发、对流、小液滴的撞击和液膜内气泡的生长、运动、破裂等相变过程带走热源表面的热量。汽化的冷却剂和流出的液体被冷凝系统冷凝后回流到容器中。喷雾冷却具有冷却器体积小、冷却剂流速低、换热系数高、需要的冷却剂少、泵功率要求低等优点。

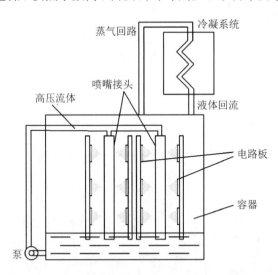

图 1.4　喷雾冷却基本结构

Chow 和 Sehmbey[18]对大容器沸腾冷却和喷雾冷却的效果进行了对比，发现喷雾冷却效果显著好于大容器沸腾冷却效果。

喷雾冷却以其极高的换热效率，在 20 世纪被应用到冶金行业，随后被应用到电子器件的冷却以及皮肤激光手术的冷却等方面。目前，喷雾冷却技术已经广泛应用于电子芯片的冷却[19-20]、金属切削[21-22]、高级激光器件功率开关[23-24]以及电子设备等[25]领域。

工程上选用电子器件的散热方式时，还需要权衡工程的可实现性及经济性。上述新型换热方式虽然具备高的换热能力，但应用在工程上时，还存在一些问题，例如：大容器沸腾冷却，器件与冷却剂直接接触，因此绝热与防渗漏是其主要难点；射流冲击冷却和喷雾冷却需要构建复杂的管路系统及喷射结构，体积大、实现困难、花费大。而微通道换热技术作为近年来产生的一种新型散热方式，与其他散热方式相比，微通道换热技术既具有热阻小、换热系数大等优良的散热性能，又具有实现简单、体积小、成本低等特点，具备良好的工程应用前景。本书主要针对微通道换热展开讨论。

1.2　微通道换热研究现状

1.2.1　微通道换热基本原理

微通道换热是一种重要的新型散热方式。20 世纪 80 年代，Tuckerman 和 Pease[26]用水作为流体进行了微通道强迫对流换热实验，其研究表明，微通道换热的功率密度达到 790 W/cm^2。如此高的功率密度，引起了许多学者的广泛关注。

微通道换热结构示意图如图 1.5 所示。在电子芯片上放置一个换热器，其尺寸在 1 mm 以下；在散热器顶部盖上盖板，形成微小通道；然后在泵或风扇的作用下驱动通道内的流体流动，带走芯片热量，达到散热的目的。

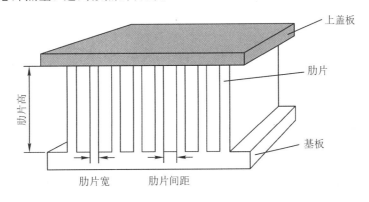

图 1.5　微通道换热结构示意图

本节对影响微通道换热性能的结构因素，包括截面形状、尺寸、冷却系统循环方式和压力方式及换热机理等内容进行简要介绍。

常见的微通道按照截面不同可分为矩形、三角形、梯形、圆形、V 形、六边形、缝隙、T 形等多种微通道。Han Bin 等人[27]研究的 V 形微通道结构如图 1.6(a)所示，Soulages 等人[28]研究的 T 形微通道结构如图 1.6(b)所示，Celata 等人[29]研究的圆形微通道结构如图 1.6(c)所示。

V 形和 T 形微通道[30]具有热阻低、流量低、效率高和体积小的优点。目前对 V 形和 T 形微通道的对流换热研究主要采用实验和数值分析的方法，但由于其结构复杂，利用数值分析法求解仍存在数学上的困难。

微通道冷却系统循环方式分为两种：开环循环方式和闭环循环方式。

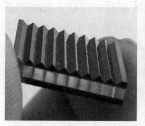

(a) V 形微通道结构

$87° \leq \alpha \leq 92°$
(b) T 型微通道结构

(c) 圆形微通道结构

图 1.6　常见的微通道结构

1. 开环循环方式

典型的开环循环方式如图 1.7 所示，其工作原理为：流体在微泵的作用下，流入微通道，热源壁面与微通道紧密相贴，通过壁面与流体的对流换热带走热量。开环循环方式的特点是需要人工给蓄水池补充冷却剂。

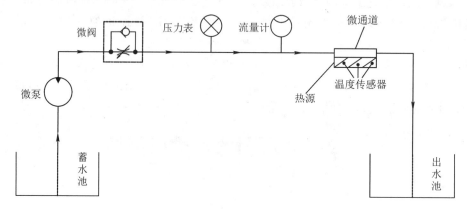

图 1.7　典型的开环循环方式

2. 闭环循环方式

典型的闭环循环方式如图 1.8 所示，其工作原理是：流体在微泵的作用下，流入微通道，热源通过热传导将热量传递给微通道，微通道中的流体通过强迫对流方式带走热量。

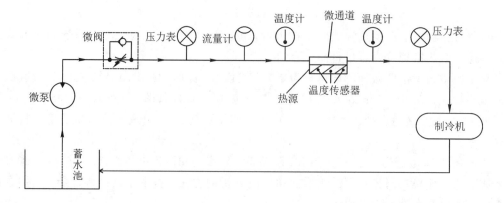

图 1.8　典型的闭环循环方式

加热的流体通过散热设备(制冷机)降温,最后回流到蓄水池中。闭环循环方式特点是不用人工给蓄水池不断加冷却剂。

1.2.2 微通道对流换热的研究方法

按照建模方法的不同,流体换热理论可以划分为两大类[31],如图 1.9 所示。**一类是将流体当作连续不可分介质的连续模型**,即连续介质模型。这类方法基于能量守恒定律和流体连续性假设,建立关于流体空间点速度、密度和压力等变量的偏微分方程组,包括 Euler(欧拉)方程、Navier-Stokes(N-S)方程和 Burnett 方程,绝大部分的宏观流体力学问题可以采用此模型来解决,但系统不能远偏离热平衡状态。**另一类是将流体直观地视为粒子集合的粒子模型**。这类方法可分为确定性方法和统计学方法。前者主要指分子的动力学(Molecular Dynamics,MD)方法;后者包括直接模拟蒙特卡罗(Direct Simulation Monte Carlo,DSMC)方法和玻耳兹曼方程(Boltzmann Equation)。

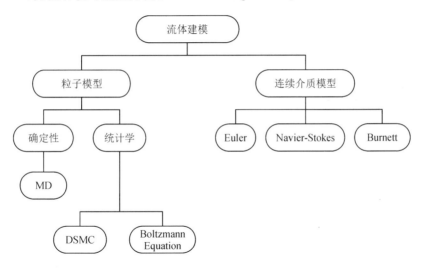

图 1.9 流体换热的基本研究方法

对于宏观流体而言,最为成熟的计算模型是连续介质模型。基于连续介质模型理论,人们开发了多种流体有限元分析软件,例如 CFX 和 Icepak 等。这些商品化软件可以对流体的速度、温度和压力等进行准确分析和预测。由于计算能力的限制,在宏观流体的换热计算中,一般不采用粒子模型。

但是对于微流体而言,由于尺寸效应的影响,成熟的经典流体换热理论对其不再适用。大量实验表明,微流体换热实验性能与经典理论的计算值之间存在较大偏差。为此采用两种方法来解决问题:一是采用粒子模型,这种方法一般在流体介质非常稀薄、流体完全呈现离散化特性的情况下使用;二是对连续介质模型进行修正,将被经典理论忽略的因素纳入研究范围,包括速度滑移、温度跳跃、轴向热传导等特性,这种方法一般在流体介质比较稀薄或流动尺寸小的情况下使用。

1) 粒子模型

粒子模型的基本思想是:将流体视为大量基本粒子(分子、原子、离子和电子)的集合,每个粒子在一定空间范围内做随机运动,粒子与粒子之间会发生相互碰撞。粒子的运动由经典力学或量子力学描述,可以确切地计算出给定时间点每个粒子的位置、速度和加速度;粒子之间存在相互作用力,一般采用二体势能表示。通过对粒子信息的积分即可得到流体的宏观性能。

粒子模型是一种精确的模型,理论上描述任何尺寸和形状的流体性能。采用粒子模型的优点在于:只要已知微粒之间的相互作用势,其建模和求解不受相态及热力学条件的限制;不仅能得到微观粒子的运动轨迹,还能观察到各种微观问题,如超临界环境下微滴的蒸发问题。

但是在实际中,粒子模型的应用并不是非常广泛,主要有以下两个原因:一是难以确定特定流体和固体分子之间的势能,目前还没有很好的方法来准确确定粒子之间的作用势能;二是计算量庞大,目前计算机的计算能力难以满足工程实际的计算需求。据研究报道[32],在20世纪90年代,当时世界上最快的计算机可以模拟约100万个分子组成的流体。为模拟该流体1 s真实时间内复杂分子的相互作用,需要耗费数千年的CPU时间,这在工程中几乎是无法实现的。

分子动力学理论是最基本的分子模型理论,最早由Alder和Wainwright[33]于1957年提出。其基本原理为:在给定空间内设定N个分子,按照Boltzmann分布原理,根据环境温度确定每个分子的初始速度;分子之间存在相互作用,可采用势能进行表示;依据牛顿力学计算指定积分步长后(通常为1飞秒)各分子的位置、速度、加速度和相互作用能;经一定的积分后,得到分子运动轨迹,设定时间间隔并对轨迹进行保存;最后对轨迹进行各种结构、能量、热力学、动力学、力学等的分析,从而得到相关的计算结果。

确定势函数是分子动力学计算的重要工作之一。正确选择特定流体和固体的势函数至关重要,这决定了计算机仿真与实验结果的吻合程度。

两分子之间通常采用的势函数是广义的6-12势,即Lennard-Jones potential(兰纳-琼斯势):

$$\phi(r_{ij}) = 4\varepsilon\left(\left(\frac{\sigma}{r_{ij}}\right)^{12} - \left(\frac{\sigma}{r_{ij}}\right)^{6}\right) \tag{1-1}$$

式中:ε为阱深;σ为分子直径;$r_{ij} = r_i - r_j$,为分子间的距离。

粒子间的相互作用力为

$$f_{ij} = -\frac{\mathrm{d}\phi(r_{ij})}{\mathrm{d}r_{ij}} = 24\varepsilon\left(2\left(\frac{\sigma}{r_{ij}}\right)^{12} - \left(\frac{\sigma}{r_{ij}}\right)^{6}\right) \tag{1-2}$$

i粒子所受的力为

$$F_{xi} = \sum_{j=1\neq i}^{N} r_{ij}f_{ij} \tag{1-3}$$

加速度$\ddot{r}_i(t)$可依据牛顿第三定律得到:

$$\ddot{r}_i(t) = \frac{F_i}{m_i} = -\sum_{j\neq i}\nabla_i \cdot \phi(r_{ij}) \tag{1-4}$$

式中,m_i为分子i的质量,F_i为作用在其上的净力。

$$\nabla_i = \frac{\partial}{\partial r_{xi}}i_x + \frac{\partial}{\partial r_{yi}}i_y + \frac{\partial}{\partial r_{zi}}i_z \tag{1-5}$$

蒙特卡罗(Monte Carlo，MC)方法在分子动力学基础上，引入了随机统计性方法，以减少计算量。其基本思想是：跟踪大量随机选择的粒子，由上一时刻粒子的速度和相互作用力(势)计算其在当前时刻的位置。也就是说，不再用牛顿力学计算粒子之间的碰撞，而是根据统计概率确定由于碰撞引起的粒子位置和速度的变化。

MC 方法通过概率分布确定，避免了复杂费时的粒子碰撞计算，因此从计算效率方面看大大优于 MD 方法。同时由粒子碰撞概率统计作为依据，因此其计算准确性也可以得到保障。

直接模拟蒙特卡罗(Direct Simulation Monte Carlo，DSMC)方法的基本思想是：每个仿真粒子(元胞)代表一群实际分子，采用确定性方法计算仿真粒子的运动；仿真粒子的位置和速度确定后，再基于统计学原理计算实际分子的运动性能；最后对所有实际分子求积分得到宏观流体的性能。

DSMC 兼顾了 MC 方法和 MD 方法的特点，一方面采用确定性方法计算仿真粒子的运动，另一方面基于统计学原理计算实际分子的分布，不但有效地减少了计算量，而且确保了计算精度。

某些流体系统的静态、动态尺寸处于微米级，此时往往采用离散粒子连续化方法。典型的离散粒子连续化方法包括格子 Boltzman 方法、分子动力学、DSMS 方法等。

2) 连续介质模型

连续介质模型的基本思想是：假定流体是由无穷多个无穷小的、紧密毗邻的、连绵不断的质点组成的连续体。这些质点具有一定的物理量，如质量、密度、压强和流速等，并且所有物理量都是空间与时间的单值、连续和可微函数。基于连续性假设以及能量守恒方程，建立质点物理量的偏微分方程组，如 Euler 方程、Navier-stokes 方程和 Burnett 方程，最终求解偏微分方程组得到所求物理量。

采用连续介质模型的主要难点是对偏微分方程组进行求解。在经典流体力学理论中，为求解方便，对方程组进行了简化，忽略了一些对宏观流体性能影响不大的因素，如轴向热传导、温度跳跃、速度滑移、可压缩性、稀薄效应等。大量实验表明，对于宏观流体来讲，采用连续介质模型理论得到的仿真结果与实验结果吻合得相当好。

对于微流体而言，轴向热传导、温度跳跃、速度滑移、可压缩性、稀薄效应等因素对于流体性能的影响很难再被忽略。实验表明，采用连续介质模型，其计算结果与实验数据存在较大差异。很多学者[34-35]认为，之所以出现这样的差异，是因为当流体的特征尺寸接近管道的几何尺寸时，原先被忽略的一些因素对流体和换热特性产生了不可忽视的影响。因此，必须基于粒子碰撞的统计理论对经典的连续介质模型进行修正，才能使连续介质模型适用于微通道换热的工程分析。

1.2.3 微通道对流换热连续介质模型的研究工作

国内外学者在微通道换热方面做了大量的理论和实验研究，研究的主要方向包括流体稀薄效应、速度滑移、温度跳跃、微通道表面特性、流体可压缩性、轴向热传导、热蠕性、黏性耗散和入口效应等。

1. 稀薄效应

稀薄效应是与流体连续性相关的一种效应。在宏观情况下，流体分子的平均自由程 λ_1 远小于流体流动的特征尺寸 d，此时可以将流体看成由大量连续、不可压缩的分子组成的物质，流体性能呈现连续性特征。但是在微尺度管道或气体稀薄的情况下，分子运动的平均自由程已经无法被忽略，此时连续介质模型无法正确反映流体行为，流体性能呈现稀薄效应。

稀薄效应一般用无量纲的克努森数 Kn 来描述：

$$Kn = \frac{\lambda_1}{d} = \sqrt{\frac{\pi\gamma}{2}} \cdot \frac{Ma}{Re} \qquad (1-6)$$

其中，Ma 为马赫数，Re 为雷诺数，γ 为比热容比。

在低压环境下，我们可以依据 Kn 来划分流体区间[36]。如图 1.10 所示，流体区间可以划分为连续区、滑移区、过渡区和自由分子区。

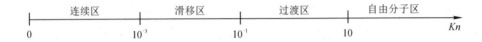

图 1.10　根据 Kn 划分的流体区间

（1）**连续区**。当 $Kn < 0.001$ 时，流体适合采用连续体建模方法，可以用 N-S 方程建模。在这种情况下，流体分子间的碰撞频率远大于流体分子与壁面的碰撞频率。实际上，当 $Kn \leqslant 10^{-3}$ 时，气体可以看成连续体。

（2）**滑移区**。一般认为，$0.001 < Kn < 0.1$ 为滑移区。位于滑移区的流体，其分子间的碰撞频率仍远大于流体分子与壁面的碰撞频率，但是稀薄效应已经不能被忽略。例如管道壁面处出现了滑移流和温度跳跃，这是由于流体分子密度下降导致边界处出现不充分的能量交换所致。

对于滑移区的流体建模，一般采用修正的连续性方程，即在 N-S 方程的基础上引入一阶滑移、温度跳跃边界条件。文献[37]采用高阶的速度滑移和温度跳跃边界条件，可以提高 N-S 方程在滑移区的预测值（$Kn < 0.08$）。文献[38]的研究则表明，建模时采用高阶的速度滑移和温度跳跃边界条件，Burnett 方程适合滑移区以及早期过渡区的流体建模。

（3）**过渡区**。一般认为，$0.1 < Kn < 10$ 为过渡区，流体分子间的碰撞频率与流体分子与壁面碰撞频率大致相当，其分子运动由空间分布向轨迹运动变化。

过渡区的流体建模一般采用粒子模型，基于连续体的滑移模型显然无法处理过渡区的稀薄效应，基于连续假设的应力和热量的本构方程已不再成立[39]。

（4）**自由分子区**。当 $Kn \to \infty$ 时，与流体分子与壁面碰撞频率相比，流体分子间的碰撞频率可忽略，此时气体可以看成离散粒子的集合，气体属性呈现粒子特性，可以用 Boltzmann 方程建模。一般认为，当 $Kn \geqslant 10$ 时，流体即可以看成自由粒子流。

不同区域的流体适合采用不同的流体建模方法。表 1.1 给出了不同区域适合采用的建模方法和策略。

表 1.1　流体建模方法根据流动区域进行划分

Kn 值	模　　型
$Kn \approx 0$ （分子连续，无分子扩散）	欧拉方程适用
$Kn \leqslant 0.001$ （分子连续，无分子扩散）	N-S 方程适用，无滑移边界条件
$0.001 < Kn \leqslant 0.1$ （分子连续过渡）	N-S 方程适用，引入一阶滑移边界条件
$0.1 < Kn \leqslant 10$ （过渡区）	引入高阶滑移边界条件和温度跳跃边界条件，Burnett 方程适用，动量方程适用
$Kn > 10$ （自由分子）	Boltzmann 方程适用，DSMC 方法和格子 Boltzmann 方法适用

微通道建模方法一般适合于滑移区，此时 N-S 方程适用，但是需要引入一阶滑移边界条件。

2. 速度滑移

速度滑移是指流体在管道壁面的速度不为 0 的现象，速度滑移现象使得流体在流固交界处存在一个切向速度。速度滑移取决于流体与管壁的亲和力。管壁表面的物质成分、化学状态、氧化层、附着物和粗糙度等，都将影响管壁附近"壁面邻接层"内流体的滑移速度。对于液体来说，其亲水表面速度滑移关系是不确定的，但是对于亲水的壁面，滑移速度大致与水流和壁面之间的剪切率呈线性关系[40-41]。

对于固定壁面，完整的速度滑移和温度跳跃边界条件[31]为

$$u_{\text{gas}} - u_{\text{w}} = \chi_{\text{v}} \frac{1}{\rho \sqrt{\dfrac{2RT_{\text{gas}}}{\pi}}} \tau_{\text{w}} + \frac{3}{4} \frac{Pr(\gamma - 1)}{\gamma \rho R T_{\text{gas}}} (-q_x)_{\text{w}}$$

$$= \chi_{\text{v}} L^* \left(\frac{\partial u}{\partial y}\right)_{\text{w}} + \frac{3}{4} \frac{\mu}{\rho T_{\text{gas}}} \left(\frac{\partial T}{\partial y}\right)_{\text{w}} \tag{1-7}$$

其中

$$\chi_{\text{v}} = \frac{2 - \sigma_{\text{v}}}{\sigma_{\text{v}}} \tag{1-8}$$

式（1-7）中，u_{gas}、u_{w} 分别表示流体流速和壁面流体流速；x 和 y 为流向和法向的坐标；ρ 和 μ 分别为流体密度和黏度；R 为气体常数，T_{gas} 为气体温度；τ_{w} 为壁面剪切应力；Pr 为普朗特数；L^* 为流体分子自由程；$(q_x)_{\text{w}}$ 和 $(q_y)_{\text{w}}$ 分别为壁面切向和法向热流。σ_{v} 为切向动量调节因子

$$\sigma_v = \frac{\tau_i - \tau_r}{\tau_i - \tau_w} \tag{1-9}$$

式(1-9)中的下标 i、r 和 w 分别表示入射、反射和壁面条件，τ 为切向动量流。σ_v 是由于分子碰撞导致切向动量损失的部分。σ_v 为 0，表示镜面反射，无能量损耗；σ_v 为 1，表示散射，能量全部损耗。当 σ_v 很小时，壁面速度滑移将明显增加。

文献[42]的研究表明，$\chi_v Kn = 0$，不存在速度滑移和温度跳跃。$\chi_v Kn$ 的值在 0.001~0.1 范围时，为滑移区；通过计算分子与边界的碰撞可以得到 2D 微流体的流程和滑移速度[43]。对过渡区氦气的分析表明，距离壁面大约一个平均自由行程处的滑移速度约是沿管道方向最大流速的 20%~30%。不同气体实验表明，滑移速度是最大速度的 5%~36%。

Hadjiconstantinou 等人的研究表明[43]：雷诺数分析适用在滑移区和早期的过渡区，摩擦因子和努塞尔数(Nusselt Number，Nu 数)都随 Kn 的增加而减小，这是由于温度跳跃引起热阻的增加而导致的。

3. 温度跳跃

温度跳跃是指流固交界处流体与固体温度不相等的现象。根据经典流体力学假设，在流固交界处，固体壁面的温度与流体温度相等。大量实验表明，在微流体换热中，这一假设不再适用，且温度跳跃会对最终的计算结果产生显著影响。

传统流体力学中，无跳跃条件中的概念是流动中不存在任意有限的不连续速度和温度，这会引起无穷大的速度和温度梯度，从而产生无穷大黏性应力和热流，以至于破坏无穷小的间断性。流体颗粒和壁面的相互作用类似于相互临近的颗粒之间的作用，而在流体和固体之间不允许有这种间断性。换句话说，流体速度相对于表面将为零，壁面处的温度与表面相等。严格地说，这两个边界条件只有在临近表面的流体流动处于热力学平衡时才成立，它要求流体和固体之间的碰撞频率为无穷大。

温度跳跃现象产生的主要原因有三点。一是稀薄效应的影响。在 $Kn < 0.001$、流体分子与固体分子碰撞频繁的情况下，流固之间换热充分，流固交界处的流体和固体温度趋于一致。但是随着 Kn 的增加，流固交界处的流体分子与壁面分子的碰撞频率无法足够保证流体处于热平衡状态。二是热蠕性。在逆切方向流动的热流(沿温度增加方向的流动)，在 Kn 数值很高时出现。三是黏性热，主要是由摩擦效应造成的，取决于边界条件，速度梯度非常高。

流固交界处的温度跳跃可以通过修正的 Smoluchowski 边界得到，该边界条件可以表示为

$$\begin{aligned}
T_{gas} - T_w &= \frac{2 - \sigma_T}{\sigma_T} \left[\frac{2(\gamma - 1)}{(\gamma + 1)} \right] \cdot \frac{1}{\rho R \sqrt{\dfrac{2RT_{gas}}{\pi}}} (-q_y)_w \\
&= \frac{2 - \sigma_T}{\sigma_T} \cdot \frac{2\gamma}{(\gamma + 1)} \cdot \frac{L^*}{Pr} \left(\frac{\partial T_{gas}}{\partial y} \right)_w \\
&= \chi_T \cdot L^* \left(\frac{\partial T_{gas}}{\partial y} \right)_w
\end{aligned} \tag{1-10}$$

其中

$$\chi_T = \frac{2 - \sigma_T}{Pr\sigma_T} \frac{2\gamma}{(\gamma + 1)} \tag{1-11}$$

$$\sigma_T = \frac{dE_i - dE_r}{dE_i - dE_w} \tag{1-12}$$

文献[44]的研究表明,在定壁温和定热流边界条件下,温度跳跃导致壁面处的热阻增加,流体的换热量下降,努塞尔数降低。文献[45]、[46]对层流区充分发展的矩形微通道进行了研究,结果表明:在给定高宽比 H/W 情况下,温度跳跃总是降低了 Nu 数;在 $\chi(=\chi_v/\chi_T)$ 值较小的情况下,Nu 数随着高宽比 H/W 的增加而减小;但是在 χ 值较大的情况下,这种效应不明显。文献[47]指出温度跳跃效应随着普朗特数 Pr 的增加而变小,因此 Nu 数增加[47]。文献[48]提出不考虑速度滑移,只考虑温度跳跃($Pr \to \infty$)的情况,努塞尔数随 Kn 数的增加而增加[48]。

4. 微通道表面特性

对于微通道结构,其表面特性对换热性能的影响非常大,很多研究者对此进行了研究,研究内容主要集中在粗糙度、材料润湿性以及表面附着物对换热特性的影响。

1)粗糙度

粗糙度是度量微通道表面凹凸情况的物理量。实际中往往采用壁面相对粗糙度 $\varepsilon^* = \varepsilon/d$ 来度量微通道的粗糙度,可用它反映粗糙度对微流体换热性能的影响。粗糙度增强了流固分子的碰撞热交换概率,流固交界处的壁面粗糙,流体与壁面之间的碰撞属于漫反射,这样壁面处流体速度滑移小。

Croce[49]和 Cao[50]研究表明:粗糙度增大了摩擦因子 f 和努塞尔数,粗糙度对摩擦因子 f 的影响要大于其对努塞尔数 Nu 的影响,粗糙度效应在高 Kn 数时更为明显,速度滑移和 f 取决于表面粗糙度及其几何形貌。

清华大学过增元及其研究团队[51]的研究表明,粗糙度使得流体过早由层流区进入过渡区,并且使得摩擦因子和努塞尔数增大。

很多研究者通过实验对以上现象进行了验证。例如,西安交通大学何雅玲、陶文铨及其研究团队[52]进行了当量直径为 300~1570 pm 的微圆管换热实验,以去离子水作为工质,观察到当壁面相对粗糙度超过 1% 时,摩擦系数随壁面相对粗糙度的增加而增加。他们还对氮气和氦气在粗糙微通道以及光滑微通道内的流动进行了阻力特性实验研究,观察到由于微通道中的粗糙度分布密集,即使在较小的相对粗糙度下,也会增加流动阻力,这是导致微通道流动阻力系数实验值相互有偏差的主要原因之一;而对于滑移的气体流动,气体稀薄性使流动阻力明显减小而导致流量增加。又如,中国科学院工程热物理研究所张春平进行了粗糙度对微通道流动特性影响的实验[53],发现层流区泊肃叶数(Poiseuille $= f \cdot Re$)随着雷诺数增大而缓慢增大,并非定值。同一雷诺数下,壁面相对粗糙度越大,泊肃叶数也越大,壁面相对粗糙度大于 0.33% 的矩形微槽的层流区摩擦阻力比传统理论预测值高;对强极性工质水、弱极性工质乙醇和非极性工质正己烷的摩擦阻力实验表明,对于水力直径

大于 $250\ \mu m$ 的微槽，工质极性对摩擦阻力的影响很小；对高宽比基本相同，壁面相对粗糙度分别为 0.40%、2.32% 和 5.36% 微槽内的单相对流换热实验表明，壁面相对粗糙度越大，换热能力越强。

另外一些学者从建模角度研究粗糙度的影响，其基本思想为：通过特定的构造函数来模拟壁面粗糙度表面，将构造的粗糙度模拟函数引入方程组中，最终得到粗糙度对换热效果的影响。

2）材料润湿性

微通道壁面材料的润湿特性对换热性能也有影响。材料润湿性的好坏主要影响滑移流的出现及其速度。式（1-8）表明，滑移效应受到调节因子 σ_v 的影响，而调节因子与材料润湿性之间存在关联关系。

Wu 和 Cheng 等人[54]进行了 13 种不同表面情况硅微通道的实验，流体为水，他们的主要结论有：层流区的努塞尔数和摩擦因子与微通道的几何参数、微通道的表面粗糙情况及微通道的表面亲水性质有关，亲水能力强的微通道表面，其努塞尔数比亲水能力差的要大。

5. 流体可压缩性

可压缩性是指流体密度沿流动方向变化的特性。微通道实验表明[55-57]稀薄流体的密度是变化的。

研究表明[57-59]，可压缩性效应与轴向流体密度的变化有关。在可压缩性效应作用下，流体速度场分布发生变化，黏剪切应力升高，导致压降增加。实验[60]显示当马赫数 $Ma \to 0.38$ 时，摩擦因子 f 有一定增加（相对于非压缩气体，增加 8%）；当马赫数 $Ma < 0.3$ 时，可压缩性减弱；文献[58]的研究表明，在 $10^{-3} < Kn \leqslant 0.1$ 情况下，可以采用带滑移边界条件的非压缩流体 N-S 方程对微流体进行研究；文献[59]的实验数据表明，即使平均 Ma 数比较低，如果 Re 值比较大，可压缩性效应也是比较明显的；文献[60]使用 DSMC 方法研究了 2D 微通道在滑移区和过渡区的稀薄效应和流体可压缩性，发现可压缩性导致轴向压力变化从而使局部摩擦因子 f 增加，但是泊肃叶数与经典流体的一致。

6. 轴向热传导

轴向热传导是指热量沿流体流动的方向传递。文献[61]的研究表明，在滑移区，轴向热传导使得 Nu 数增加，在 $Kn = 0$ 时达到最大；假设 K_1 等于流体沿轴向传递的热能/流体传递的总热能，由于贝克来数 Pe 是流体沿流动方向焓的变化率，因此，Pe 与 K_1 存在比例关系。

Myong[62]以 z_1/PeR_0 为横坐标讨论 Pe 数对努塞尔数的影响，讨论了圆形微通道的对流换热特性，得到局部努塞尔数随 Pe 数的减小而增大的仿真结果。

Jeong[63]在讨论 Pe 数对努塞尔数的影响时，采用无量纲坐标 z/b，得到了在入口段附近努塞尔数随 Pe 数增大而增大的结论，说明了在入口段，Pe 数较小，对流换热主要受轴向热传导的支配，最后得出在缝隙微通道的对流换热过程中考虑轴向热传导因素会增加对流换热效果。

甘云华、杨泽亮[64]研究了轴向热传导对微通道内换热特性的影响，以去离子水为工质，采用三角形硅基微通道，当量直径为 155.3 pm，采用轴向热传导与总加热量的比值和轴向热传导准则数来分析轴向热传导对微通道内换热特性的影响。他们发现，局部壁面温度沿流动方向呈非线性规律分布，轴向热传导对微通道内换热特性的影响显著，特别是在 Re 数较小的情况下。

管道壁面的分子之间也存在轴向热传导，壁面的轴向热传导使得微管的热传导降低 2%[65]。

7. 热蠕性、黏性耗散及入口效应

所谓热蠕性，是指由于 Knudsen 抽取效应，出现的由冷端向热端的蠕动气体流。热蠕性与轴向温度的梯度相关。热蠕性也导致滑移[66]，在流体被加热时，其值为正（$T_o > T_i$），使得 Nu 数值增加；流体被冷却时，其值为负，使得 Nu 数值下降[67]。

黏性耗散是指在流固耦合边界处，由于分子间摩擦导致出现的摩擦热。Aydin 等人[68]研究了微管道内的对流换热特性，结果表明，对于牛顿流体，当气体流过微管道时要考虑黏性耗散，努塞尔数与布林克曼数 Br 和 Kn 有关。

Barletta 等人[69]研究了考虑黏性耗散及入口效应的宏观圆形管道流体的对流换热问题，利用分离变量法求解得到流体的努塞尔数计算表达式，并讨论了 Br 对流体换热性能的影响。其研究表明努塞尔数在 Br 不为零的时候，在充分发展阶段，趋于 9.6；而当 Br 数为负值或者非常大的正值时，努塞尔数在轴向的某位置变为无穷大。

入口段是指从流体进入管道开始到其达到充分发展之间的流体区域，由于微小化导致的入口段对换热性能的影响称为入口效应。

在入口段，由于稀薄效应的影响，f 和 Nu 值显著降低，并且其值降低要比充分发展段更加明显。入口处的 Nu 是有限值，可以通过有关 χ、Kn 和 χ 的公式估算[70]。该公式具有普适性，对于任何截面形状、定壁温和定热流边界条件的流体均有效。入口效应还与管道的截面形状相关，文献[71]研究表明，缝隙微通道对稀薄效应的敏感度要比矩形微通道高得多，稀薄效应使得入口段长度增加，入口长度随 Kn 增加而增加。

1.2.4 微通道换热效果

对于微通道，以上各种影响因素对其换热都起作用，微通道换热性能的综合计算非常复杂，目前为止对微通道换热效果尚未有定论。许多研究者对微通道换热器的实验结果和经典理论的计算结果进行了比较，得到的结论主要有以下三类。

(1) 微通道的努塞尔数高于或远远高于宏观经典理论的计算结果。Wu 和 Little[72]进行了层流区和紊流区的微通道换热器的实验，流体为氮气，其研究表明：在层流区热充分发展和紊流区热充分发展的平均努塞尔数高于经典理论所计算的结果；在层流区努塞尔数随雷诺数变化。他们提出了新的关系式来描述紊流区的努塞尔数。

(2) 微通道的努塞尔数低于或远远低于宏观经典理论的计算结果。Peng 和 Wang[73]进行了矩形微通道的对流换热实验，矩形微通道尺寸为 600 μm × 700 μm，实验发现：在层流区，当雷诺数较小时，实验得到的努塞尔数小于经典理论得到的结果；努塞尔数随雷诺数

的增大而减小。

Peng 等人研究了层流区和紊流区中矩形微通道的尺寸对努塞尔数的影响，他们观察到努塞尔数受通道宽高比的影响，并且提出了一些经验关系式。无论是层流区还是紊流区，实验得到的努塞尔数均低于经典理论的计算结果。

（3）**微通道的努塞尔数和经典大管道的相同。**Bucci[74]研究的圆形微通道的努塞尔数和经典大管道的相同，Potter[75]观察了 13 种不同的三角形微通道(25.9～291 μm)，也发现了相同的现象。

由此可见，尽管研究人员进行了大量研究，但并没有得到统一的结论，因此对微通道对流换热的研究仍需深入，尤其在基础理论及典型研究对象上得出研究结论，以期望能对目前实验结果的离散性给出一个合理的理论解释。

第2章 等截面直微通道对流换热理论基础及分析

等截面直微通道是工程中最常见、最易加工的微通道，本章讨论典型等截面直微通道的对流换热问题。根据微流体建模理论[31]，在滑移区，N-S方程依然适用，但需在壁面上引入滑移边界条件。本章将基于基本假设，推导等截面直微通道的控制方程，并在此基础上，利用分析方法获得等截面直微通道流动特性的解析解。

2.1 控制方程

1. 连续介质控制方程

根据流体连续性假设，连续性方程[75]可以表示为

$$\frac{\partial \rho}{\partial t} + u \frac{\partial \rho}{\partial x} + v \frac{\partial \rho}{\partial y} + w \frac{\partial \rho}{\partial z} + \rho \left(\frac{\partial u}{\partial x} + \frac{\partial v}{\partial y} + \frac{\partial w}{\partial z} \right) = 0 \tag{2-1}$$

式中，ρ 为流体的密度，t 为时间，u、v 和 w 分别为 x、y 和 z 方向的流体速度(简称流速)。

对于不可压缩流体，流体密度不发生变化，即 $\partial \rho / \partial t = 0$、$\partial \rho / \partial x = 0$、$\partial \rho / \partial y = 0$ 和 $\partial \rho / \partial z = 0$，因此式(2-1)可简化为

$$\frac{\partial u}{\partial x} + \frac{\partial v}{\partial y} + \frac{\partial w}{\partial z} = 0 \tag{2-2}$$

动量方程[75]可表示为

$$\rho \frac{\mathrm{d} u}{\mathrm{d} t} = \frac{\sigma_{xx}}{\partial x} + \frac{\partial \tau_{yx}}{\partial y} + \frac{\partial \tau_{zx}}{\partial z} + \rho g_x \tag{2-3a}$$

$$\rho \frac{\mathrm{d} v}{\mathrm{d} t} = \frac{\partial \tau_{xy}}{\partial x} + \frac{\sigma_{yy}}{\partial y} + \frac{\partial \tau_{zy}}{\partial z} + \rho g_y \tag{2-3b}$$

$$\rho \frac{\mathrm{d} w}{\mathrm{d} t} = \frac{\partial \tau_{xz}}{\partial x} + \frac{\partial \tau_{yz}}{\partial y} + \frac{\sigma_{zz}}{\partial z} + \rho g_z \tag{2-3c}$$

式中：g_x、g_y 和 g_z 分别为流体在 x、y 和 z 方向的单位质量力；σ_{xx}、σ_{yy} 和 σ_{zz} 为压应力；τ_{xy}、τ_{xz}、τ_{yx}、τ_{yz}、τ_{zx} 和 τ_{zy} 为切应力，应力的第一个下标表示应力作用面的法向方向，第二个下标表示应力方向；$\mathrm{d}/\mathrm{d} t$ 为随体导数(Material Derivative)，是流体质点在欧拉场内运动时所具有的物理量对时间的全导数，如

$$\frac{\mathrm{d} u}{\mathrm{d} t} = \frac{\partial u}{\partial t} + u \frac{\partial u}{\partial x} + v \frac{\partial u}{\partial y} + w \frac{\partial u}{\partial z} \tag{2-4a}$$

$$\frac{\mathrm{d}v}{\mathrm{d}t} = \frac{\partial v}{\partial t} + u\frac{\partial v}{\partial x} + v\frac{\partial v}{\partial y} + w\frac{\partial v}{\partial z} \tag{2-4b}$$

$$\frac{\mathrm{d}w}{\mathrm{d}t} = \frac{\partial w}{\partial t} + u\frac{\partial w}{\partial x} + v\frac{\partial w}{\partial y} + w\frac{\partial w}{\partial z} \tag{2-4c}$$

作用在微流体上的应力 τ_{ij} 可表示为

$$\tau_{ij} = \begin{bmatrix} \sigma_{xx} & \tau_{xy} & \tau_{xz} \\ \tau_{yx} & \sigma_{yy} & \tau_{yz} \\ \tau_{zx} & \tau_{zy} & \sigma_{zz} \end{bmatrix} \tag{2-5}$$

显然，$\tau_{xy} = \tau_{yx}$、$\tau_{yz} = \tau_{zy}$、$\tau_{xz} = \tau_{zx}$。

假设切应力为零($\tau_{xy} = \tau_{xz} = \tau_{zy} = 0$)，并且压应力相等($\sigma_{xx} = \sigma_{yy} = \sigma_{zz} = -p$)，$p$ 为各向同性压强，可得

$$\tau_{ij} = \begin{bmatrix} -p & 0 & 0 \\ 0 & -p & 0 \\ 0 & 0 & -p \end{bmatrix} \tag{2-6}$$

则动量方程变为著名的欧拉(Euler)方程[31]，即

$$\rho\frac{\mathrm{d}u}{\mathrm{d}t} = -\frac{\partial p}{\partial x} + \rho g_x \tag{2-7a}$$

$$\rho\frac{\mathrm{d}v}{\mathrm{d}t} = -\frac{\partial p}{\partial y} + \rho g_y \tag{2-7b}$$

$$\rho\frac{\mathrm{d}w}{\mathrm{d}t} = -\frac{\partial p}{\partial z} + \rho g_z \tag{2-7c}$$

欧拉方程中忽略了流体黏性(摩擦)的影响。对于牛顿流体，各向同性流体，各应力分别为

$$\sigma_{xx} = -p + 2\mu\frac{\partial u}{\partial x} - \frac{2}{3}\left(\frac{\partial u}{\partial x} + \frac{\partial v}{\partial y} + \frac{\partial w}{\partial z}\right) \tag{2-8a}$$

$$\sigma_{yy} = -p + 2\mu\frac{\partial v}{\partial y} - \frac{2}{3}\left(\frac{\partial u}{\partial x} + \frac{\partial v}{\partial y} + \frac{\partial w}{\partial z}\right) \tag{2-8b}$$

$$\sigma_{zz} = -p + 2\mu\frac{\partial w}{\partial z} - \frac{2}{3}\left(\frac{\partial u}{\partial x} + \frac{\partial v}{\partial y} + \frac{\partial w}{\partial z}\right) \tag{2-8c}$$

$$\tau_{xy} = \mu\left(\frac{\partial u}{\partial y} + \frac{\partial v}{\partial x}\right) \tag{2-8d}$$

$$\tau_{xz} = \mu\left(\frac{\partial u}{\partial z} + \frac{\partial w}{\partial x}\right) \tag{2-8e}$$

$$\tau_{yz} = \mu\left(\frac{\partial v}{\partial z} + \frac{\partial w}{\partial y}\right) \tag{2-8f}$$

其中，μ 为流体的动力黏度。将式(2-8)代入动量方程(式(2-3))中，假设流体不可压缩，可得到著名的 Navier-Stokes 方程[75]，即

$$\rho\frac{\mathrm{d}u}{\mathrm{d}t} = -\frac{\partial p}{\partial x} + \rho g_x + \mu\left(\frac{\partial^2 u}{\partial x^2} + \frac{\partial^2 u}{\partial y^2} + \frac{\partial^2 u}{\partial z^2}\right) \tag{2-9a}$$

$$\rho\frac{\mathrm{d}v}{\mathrm{d}t} = -\frac{\partial p}{\partial y} + \rho g_y + \mu\left(\frac{\partial^2 v}{\partial x^2} + \frac{\partial^2 v}{\partial y^2} + \frac{\partial^2 v}{\partial z^2}\right) \tag{2-9b}$$

$$\rho \frac{\mathrm{d}w}{\mathrm{d}t} = -\frac{\partial p}{\partial z} + \rho g_z + \mu \left(\frac{\partial^2 w}{\partial x^2} + \frac{\partial^2 w}{\partial y^2} + \frac{\partial^2 w}{\partial z^2} \right) \tag{2-9c}$$

Navier-Stokes 方程(式(2-9))中含有 4 个未知变量(u, v, w, p),假设流体的动力黏度和密度已知,通过边界条件就可以求出这 4 个未知量。

能量方程可表示为[31]

$$\lambda \left(\frac{\partial^2 T}{\partial x^2} + \frac{\partial^2 T}{\partial y^2} + \frac{\partial^2 T}{\partial z^2} \right) - p \left(\frac{\partial u}{\partial x} + \frac{\partial v}{\partial y} + \frac{\partial w}{\partial z} \right) - u \frac{\partial p}{\partial x} - v \frac{\partial p}{\partial y} - w \frac{\partial p}{\partial z}$$

$$= \rho u \frac{\mathrm{d}u}{\mathrm{d}t} + \rho v \frac{\mathrm{d}v}{\mathrm{d}t} + \rho w \frac{\mathrm{d}w}{\mathrm{d}t} + \rho g \frac{\mathrm{d}z}{\mathrm{d}t} + \rho \frac{\mathrm{d}\tilde{u}}{\mathrm{d}t} \tag{2-10}$$

式中,$\tilde{u}$ 为内能,λ 为导热系数,T 为流体温度,$\mathrm{d}z/\mathrm{d}t$ 为

$$\frac{\mathrm{d}z}{\mathrm{d}t} = \frac{\partial z}{\partial t} + u \frac{\partial z}{\partial x} + v \frac{\partial z}{\partial y} + w \frac{\partial z}{\partial z} \tag{2-11}$$

对于非黏性流体,根据 $\partial z/\partial t = 0$、$\partial z/\partial x = 0$、$\partial z/\partial y = 0$,式(2-11)可化简为

$$\frac{\mathrm{d}z}{\mathrm{d}t} = w \tag{2-12}$$

假设 $g_x = g_y = 0$,$g_z = -g$,x、y、z 和 t 为独立变量。对于非黏性流体,根据式(2-7)(欧拉方程),可得到式(2-10)左侧的后三项等于式(2-10)右侧的前四项,即

$$-u \frac{\partial p}{\partial x} - v \frac{\partial p}{\partial y} - w \frac{\partial p}{\partial z} = \rho u \frac{\mathrm{d}u}{\mathrm{d}t} + \rho v \frac{\mathrm{d}v}{\mathrm{d}t} + \rho w \frac{\mathrm{d}w}{\mathrm{d}t} + \rho g \frac{\mathrm{d}z}{\mathrm{d}t} \tag{2-13}$$

根据式(2-13),能量方程(式(2-10))可以简化为

$$\rho \frac{\mathrm{d}\tilde{u}}{\mathrm{d}t} = \lambda \left(\frac{\partial^2 T}{\partial x^2} + \frac{\partial^2 T}{\partial y^2} + \frac{\partial^2 T}{\partial z^2} \right) - p \left(\frac{\partial u}{\partial x} + \frac{\partial v}{\partial y} + \frac{\partial w}{\partial z} \right) \tag{2-14}$$

因为液体具有不可压缩性,所以根据式(2-2),式(2-14)可以简化为

$$\rho \frac{\mathrm{d}\tilde{u}}{\mathrm{d}t} = \lambda \left(\frac{\partial^2 T}{\partial x^2} + \frac{\partial^2 T}{\partial y^2} + \frac{\partial^2 T}{\partial z^2} \right) \tag{2-15}$$

对于液体来说,将 $\tilde{u} = c_p T$(c_p 为比定压热容)代入式(2-15),可得

$$\rho c_p \frac{\mathrm{d}T}{\mathrm{d}t} = \lambda \left(\frac{\partial^2 T}{\partial x^2} + \frac{\partial^2 T}{\partial y^2} + \frac{\partial^2 T}{\partial z^2} \right) \tag{2-16}$$

对于不可压缩气体,用熵表示内能[37],则

$$\tilde{u} = h - \frac{p}{\rho} \tag{2-17}$$

式中,h 为熵。

将式(2-17)代入式(2-15),则

$$\rho \frac{\mathrm{d}h}{\mathrm{d}t} = \lambda \left(\frac{\partial^2 T}{\partial x^2} + \frac{\partial^2 T}{\partial y^2} + \frac{\partial^2 T}{\partial z^2} \right) + \frac{\mathrm{d}p}{\mathrm{d}t} \tag{2-18}$$

式中,

$$\mathrm{d}h = c_p \mathrm{d}T \tag{2-19}$$

$$\frac{\mathrm{d}p}{\mathrm{d}t} = \frac{\partial p}{\partial t} + u \frac{\partial p}{\partial x} + v \frac{\partial p}{\partial y} + w \frac{\partial p}{\partial z} \tag{2-20}$$

对于不可压缩气体,式(2-20)等式的右侧后三项都为零,因此

$$\frac{\mathrm{d}p}{\mathrm{d}t} = \frac{\partial p}{\partial t} \tag{2-21}$$

当流体特征流速小于 $0.3Ma$(马赫数)时,对于不可压缩气体,则存在

$$\left| \frac{\mathrm{d}p}{\mathrm{d}t} \right| \ll \left| p\left(\frac{\partial u}{\partial x} + \frac{\partial v}{\partial y} + \frac{\partial w}{\partial z} \right) \right| \tag{2-22}$$

因此,根据式(2-19)~式(2-22)和式(2-2),可得不可压缩气体的能量方程:

$$\rho c_p \frac{\mathrm{d}T}{\mathrm{d}t} = \lambda \left(\frac{\partial^2 T}{\partial x^2} + \frac{\partial^2 T}{\partial y^2} + \frac{\partial^2 T}{\partial z^2} \right) \tag{2-23}$$

对比式(2-16)和式(2-23)可知,气体和液体有完全相同的能量方程。

如果黏性耗散不能被忽视,则考虑黏性效应的能量方程为

$$\rho c_p \frac{\mathrm{d}T}{\mathrm{d}t} = \lambda \left(\frac{\partial^2 T}{\partial x^2} + \frac{\partial^2 T}{\partial y^2} + \frac{\partial^2 T}{\partial z^2} \right) + \Phi \tag{2-24}$$

其中:

$$\Phi = 2\mu \left[\left(\frac{\partial u}{\partial x} \right)^2 + \left(\frac{\partial v}{\partial y} \right)^2 + \left(\frac{\partial w}{\partial z} \right)^2 + \frac{1}{2}\left(\frac{\partial u}{\partial y} + \frac{\partial v}{\partial x} \right)^2 + \frac{1}{2}\left(\frac{\partial v}{\partial z} + \frac{\partial w}{\partial y} \right)^2 + \frac{1}{2}\left(\frac{\partial u}{\partial z} + \frac{\partial w}{\partial x} \right)^2 \right] \tag{2-25}$$

$$\frac{\mathrm{d}T}{\mathrm{d}t} = u\frac{\partial T}{\partial x} + v\frac{\partial T}{\partial y} + w\frac{\partial T}{\partial z} + \frac{\partial T}{\partial t} \tag{2-26}$$

根据式(2-26)和式(2-24),可得

$$\rho c_p \left(u\frac{\partial T}{\partial x} + v\frac{\partial T}{\partial y} + w\frac{\partial T}{\partial z} + \frac{\partial T}{\partial t} \right) = \lambda \left(\frac{\partial^2 T}{\partial x^2} + \frac{\partial^2 T}{\partial y^2} + \frac{\partial^2 T}{\partial z^2} \right) + \Phi \tag{2-27}$$

2. 等截面直微通道控制方程分析

等截面直微通道的微流体模型如图 2.1 所示,流体沿 z 方向流动。在流体充分发展段,只有 z 方向的流体速度不为零,x 方向速度和 y 方向速度均为零,即 $u=0$,$v=0$。假设流体不可压缩,且处于稳态,由连续性方程可得

$$\frac{\partial w}{\partial z} = 0 \tag{2-28}$$

式中,w 为 z 方向的流体速度,且有

$$w = w(x, y) \tag{2-29}$$

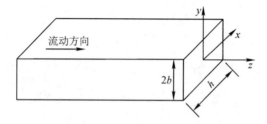

图 2.1　等截面直微通道

若忽略质量力,即

$$\rho g_x = 0 \tag{2-30a}$$

$$\rho g_y = 0 \tag{2-30b}$$

$$\rho g_z = 0 \qquad (2-30\text{c})$$

则 N-S 方程(式(2-9))可简化为

$$\frac{\partial p}{\partial x} = 0 \qquad (2-31\text{a})$$

$$\frac{\partial p}{\partial y} = 0 \qquad (2-31\text{b})$$

$$\frac{\partial p}{\partial z} = \mu \left(\frac{\partial^2 w}{\partial x^2} + \frac{\partial^2 w}{\partial y^2} \right) \qquad (2-31\text{c})$$

式(2-31c)表明,压强 p 只是沿 z 方向发生变化。式(2-31c)左端为 z 的函数,右端为 x、y 的函数,要使等号成立,只能等式两端为常数,即 p 为 z 的线性函数,故有

$$p = \frac{p_\text{i} - p_\text{o}}{L} z + p_\text{i} \qquad (2-32)$$

$$\frac{\partial p}{\partial z} = \frac{p_\text{i} - p_\text{o}}{L} = -\frac{\Delta p}{L} \qquad (2-33)$$

式中,p_i 为矩形微通道入口处的压强,p_o 为矩形微通道出口处的压强,L 为管道的长度。

根据式(2-31c)和式(2-33)可推得等截面直微通道的流动支配方程为

$$-\frac{\Delta p}{L} = \mu \left(\frac{\partial^2 w}{\partial x^2} + \frac{\partial^2 w}{\partial y^2} \right) \qquad (2-34)$$

对于稳态流体,流体温度不随时间变化,可得

$$\frac{\partial T}{\partial t} = 0 \qquad (2-35)$$

针对典型截面的微通道,流速只沿 z 方向变化,而在 x 和 y 方向为零。

若忽视黏性耗散,则式(2-23)可简化为

$$\rho c_p w \frac{\partial T}{\partial z} = \lambda \left(\frac{\partial^2 T}{\partial x^2} + \frac{\partial^2 T}{\partial y^2} + \frac{\partial^2 T}{\partial z^2} \right) \qquad (2-36)$$

若考虑黏性耗散,能量方程可表示为

$$\rho c_p w \frac{\partial T}{\partial z} = \lambda \left(\frac{\partial^2 T}{\partial x^2} + \frac{\partial^2 T}{\partial y^2} + \frac{\partial^2 T}{\partial z^2} \right) + \mu \left(\frac{\partial w}{\partial z} \right)^2 \qquad (2-37)$$

为分析对流换热问题,还应该对定解条件作出规定,包括初始时刻的条件及边界上与速度、压强及温度等有关的条件。能量方程定解条件[49]包括:

(1) 第一类边界条件:规定边界上的温度分布。此类边界条件最简单的典型例子是规定边界上温度为常数,即 T_w=常数。

(2) 第二类边界条件:规定边界上的热流密度值。此类边界条件最简单的典型例子就是规定边界上热流密度保持常数,即 q_w=常数。

(3) 第三类边界条件:规定边界上物体与周围流体间的对流换热系数 h 及周围流体的温度 T_f,即

$$-\lambda \left(\frac{\partial T}{\partial n} \right)_\text{w} = h(T_\text{w} - T_\text{f}) \qquad (2-38)$$

式中,n 指边界的法向。由于获得对流换热系数是求解对流换热的目的,因此,一般来说求解对流换热问题时没有第三类边界条件。

对于图 2.2 所示的微缝隙内充分发展层流流动模型，缝隙高度为 $2b$，缝隙在 x 方向无限长。流速 w 只随 y 变化，则缝隙微通道流动支配方程为

$$\frac{\partial p}{\partial z} = \mu \frac{\partial^2 w}{\partial y^2} \qquad (2-39)$$

图 2.2　缝隙微通道流动示意图

而对于图 2.3 所示的圆形微通道，因为其结构具有轴对称性，通过将轴对称等截面直微通道控制方程转换为柱坐标表达，引入

$$x = r\cos\theta$$
$$y = r\sin\theta \qquad (2-40)$$

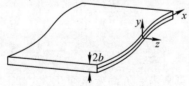

图 2.3　圆形微通道截面示意图

将式(2-40)代入式(2-34)，得到圆形微通道的流动支配方程：

$$\mu\left(\frac{\mathrm{d}^2 w}{\mathrm{d}r^2} + \frac{1}{r}\frac{\mathrm{d}w}{\mathrm{d}r}\right) = -\frac{\Delta p}{L} \qquad (2-41)$$

2.2　微通道速度场和压强分布分析

2.2.1　缝隙微通道流动

缝隙微通道模型如图 2.4 所示，若缝隙微通道为充分发展层流流动，缝隙高度为 $2b$，缝隙在 x 方向无限长，则流动为二维 Poiseuille 流动，其流动支配方程如式(2-39)所示。

其流速边界条件为

$$\begin{cases} z = b, & w_w = -l_s \left.\frac{\mathrm{d}w}{\mathrm{d}y}\right|_{z=b} \\ z = 0, & \frac{\mathrm{d}w}{\mathrm{d}y} = 0 \end{cases} \qquad (2-42)$$

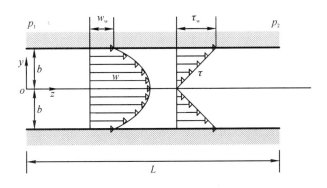

图 2.4　缝隙微通道二维流动示意图

其中，l_s 为流体在缝隙微通道中的滑移长度。对于滑移区的稀薄气体，$l_s = \dfrac{\lambda(2-\sigma_v)}{\sigma_v}$。

z 方向的流速为

$$w = \frac{1}{2\mu}\frac{\mathrm{d}p}{\mathrm{d}z}\left[y^2 - 4b^2\left(\frac{1}{4} + \frac{l_s}{2b}\right)\right] \qquad (2-43)$$

缝隙微通道壁面上流体受到的剪切应力为

$$\tau_w = -\mu\frac{\mathrm{d}w}{\mathrm{d}y}\bigg|_{z=b} = -\frac{\mathrm{d}p}{\mathrm{d}z}b \qquad (2-44)$$

若缝隙宽度为 $2b$，则体积流量可表示为

$$Q = \int_{-b}^{b} w \cdot h\,\mathrm{d}y = -\frac{h2b^3}{3\mu}\frac{\mathrm{d}p}{\mathrm{d}z}\left(1 + 3\frac{l_s}{b}\right) \qquad (2-45)$$

z 方向的平均流速为

$$w_m = \frac{Q}{2bh} = -\frac{b^2}{3\mu}\frac{\mathrm{d}p}{\mathrm{d}z}\left(1 + 3\frac{l_s}{b}\right) \qquad (2-46)$$

入口与出口的压强梯度为

$$\frac{\mathrm{d}p}{\mathrm{d}z} = -\frac{3\mu w_m}{b^2(1+3l_s/b)} \quad \text{或} \quad \frac{\mathrm{d}p}{\mathrm{d}z} = -\frac{3\mu Q}{h2b^3(1+3l_s/b)} \qquad (2-47)$$

从式（2-47）可以看出，缝隙微通道压差（或称压降）与流量存在如下正比关系，即

$$\Delta p = RQ \qquad (2-48)$$

式中，R 为流阻，有

$$R = \frac{3\mu L}{h2b^3(1+3l_s/b)} \qquad (2-49)$$

当 $l_s = 0$ 时，式（2-43）、式（2-45）～式（2-47）退化为宏观尺度下的流动公式。

2.2.2　圆形微通道流动

图 2.5 所示为圆形微通道二维流动示意图，假设流体充分发展，其流动支配方程如式（2-41）所示。

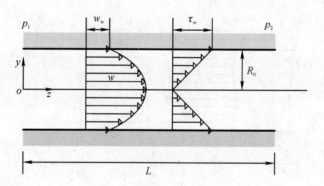

图 2.5 圆形微通道二维流动示意图

其边界条件为

$$\begin{cases} r = R_0, & w_w = -l_s \dfrac{\mathrm{d}w}{\mathrm{d}r}\bigg|_{r=R_0} \\[3mm] r = 0, & \dfrac{\mathrm{d}w}{\mathrm{d}r}\bigg|_{r=0} = 0 \end{cases} \tag{2-50}$$

式中，R_0 为圆形微通道的半径，l_s 为流体在圆形微通道中的滑移长度。圆形微通道的流速分布为

$$w = \frac{1}{4\mu}\frac{\mathrm{d}p}{\mathrm{d}z} \cdot \left[r^2 - R_0^2 \left(1 + 2\frac{l_s}{R_0} \right) \right] \tag{2-51}$$

固壁上流体受到的剪切应力为

$$\tau_w = -\mu \frac{\mathrm{d}w}{\mathrm{d}r}\bigg|_{r=R_0} = -\frac{1}{2}\frac{\mathrm{d}p}{\mathrm{d}z}R_0 \tag{2-52}$$

体积流量为

$$Q = \int_0^{R_0} 2\pi r \cdot w\,\mathrm{d}r = -\frac{\pi R_0^4}{8\mu}\frac{\mathrm{d}p}{\mathrm{d}z}\left(1 + 4\frac{l_s}{R_0} \right) \tag{2-53}$$

平均流速为

$$w_m = \frac{Q}{\pi R_0^2} = -\frac{R_0^2}{8\mu}\frac{\mathrm{d}p}{\mathrm{d}z}\left(1 + 4\frac{l_s}{R_0} \right) \tag{2-54}$$

入口与出口的压强梯度为

$$\frac{\mathrm{d}p}{\mathrm{d}z} = -\frac{8\mu w_m}{R_0^2(1+4l_s/R_0)} \quad 或 \quad \frac{\mathrm{d}p}{\mathrm{d}z} = -\frac{8\mu Q}{\pi R_0^4(1+4l_s/R_0)} \tag{2-55}$$

当 $l_s = 0$ 时，式(2-51)、式(2-53)～式(2-55)分别退化为宏观尺度下的流动公式。

压差和流量存在如下正比关系：

$$\Delta p = RQ \tag{2-56}$$

其中

$$R = \frac{8\mu L}{\pi R_0^4(1+4l_s/R_0)} \tag{2-57}$$

2.2.3　矩形微通道流动

图 2.6 所示为矩形微通道截面示意图，假设流体充分发展，矩形截面长边为 a，短边为 b，其流动支配方程为式(2-34)。

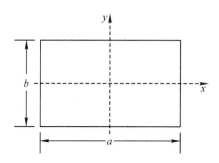

图 2.6　矩形通道截面示意图

文献[21]对矩形微通道的速度场和压力场进行了求解，得到的矩形微通道的速度分布场为

$$w = -\frac{b^2}{\mu} \cdot \frac{\mathrm{d}p}{\mathrm{d}z} \sum_{i=1}^{\infty} \frac{\cos(2\alpha_i x/b)}{4\alpha_i^2} \cdot \frac{2\sin\alpha_i}{\alpha_i + \sin\alpha_i\cos\alpha_i} \cdot$$

$$\left[1 - \frac{\cosh(\alpha_i y/b)}{\cosh(\alpha_i/\beta) + (2l_s/b)\alpha_i\sinh(\alpha_i/\beta)} \right] \tag{2-58}$$

其中：l_s 为流体在矩形微通道中的滑移长度；$\beta = b/a$，为高宽比。

平均流速为

$$w_m = -\frac{\beta b^2}{2\mu} \cdot \frac{\mathrm{d}p}{\mathrm{d}z} \sum_{i=1}^{\infty} \frac{\sin^2\alpha_i}{\alpha_i^4(\alpha_i + \sin\alpha_i\cos\alpha_i)} \left[\frac{\alpha_i}{\beta} - \frac{\tanh(\alpha_i/\beta)}{1 + (2l_s/b)\alpha_i\tanh(\alpha_i/\beta)} \right] \tag{2-59}$$

体积流量为

$$Q = -\frac{b^4}{2\mu} \cdot \frac{\mathrm{d}p}{\mathrm{d}z} \sum_{i=1}^{\infty} \frac{\sin^2\alpha_i}{\alpha_i^4(\alpha_i + \sin\alpha_i\cos\alpha_i)} \left[\frac{\alpha_i}{\beta} - \frac{\tanh(\alpha_i/\beta)}{1 + (2l_s/b)\alpha_i\tanh(\alpha_i/\beta)} \right] \tag{2-60}$$

由式(2-60)可看出，压差与流量存在正比关系：

$$\Delta p = RQ \tag{2-61}$$

式中，R 为流阻，即

$$R = \frac{2\mu L}{b^4 \sum\limits_{i=1}^{\infty} \dfrac{\sin^2\alpha_i}{\alpha_i^4(\alpha_i + \sin\alpha_i\cos\alpha_i)} \left[\dfrac{\alpha_i}{\beta} - \dfrac{\tanh(\alpha_i/\beta)}{1 + (2l_s/b)\alpha_i\tanh(\alpha_i/\beta)} \right]} \tag{2-62}$$

对于宏观尺度流体流动，滑移长度 $l_s = 0$，则流速和流场体积流量分别为

$$w = -\frac{b^2}{\mu} \cdot \frac{\mathrm{d}p}{\mathrm{d}z} \sum_{\substack{m=1 \\ m=\text{odd}}}^{\infty} \frac{4}{m^3\pi^3} \cos\left(\frac{m\pi}{b}x\right) \cdot \sin\left(\frac{m\pi}{2}\right) \left[1 - \frac{\cosh\left(\dfrac{m\pi y}{b}\right)}{\cosh\left(\dfrac{m\pi}{2\beta}\right)} \right] \tag{2-63}$$

$$Q = -\frac{16b^4}{\pi^5 \mu} \cdot \frac{\mathrm{d}p}{\mathrm{d}z} \sum_{m=\mathrm{odd}}^{\infty} \left[\frac{\pi}{2\beta} \cdot \frac{1}{m^4} - \frac{1}{m^5} \tanh\left(\frac{m\pi}{2\beta}\right) \right]$$

$$= -\frac{b^4}{12\beta\mu} \cdot \frac{\mathrm{d}p}{\mathrm{d}z} \left[1 - \frac{192\beta}{\pi^5} \sum_{m=\mathrm{odd}}^{\infty} \frac{1}{m^5} \tanh\left(\frac{m\pi}{2\beta}\right) \right] \qquad (2-64)$$

$$= -\frac{b^4}{12\beta\mu} \cdot \frac{\mathrm{d}p}{\mathrm{d}z} \kappa(\beta)$$

其中

$$\alpha_i \tan\alpha_i = \frac{b}{2l_s} \qquad (2-65)$$

式中，α_i 为方程式(2-65)的特征根。

2.3　微通道能量方程分析

　　微通道流体的控制方程包括连续性方程、动量方程和能量方程共 5 个方程，包含 5 个未知数(u，v，w，p，T)。方程组是封闭的，原则上可以求解。然而由于 N-S 方程非常复杂且是非线性的，因此要针对实际问题在整个流场内数学上求解上述 5 个未知数是非常困难的[23]。目前研究只得到了典型截面的对流换热问题的解析解。

　　对于复杂微结构，当需要考虑诸如可压缩性[76-78]、速度滑移和温度跳跃[79-80]、轴向热传导[81-83]、黏性耗散[84-86]等特性时，采用解析方法求解连续性方程、动量方程和能量方程往往无法得到解，此时，需要采用数值方法求解。在处理实际应用问题时，常用的数值方法为有限差分、有限元和有限体积等，目前商业化的热分析软件也通常采用这些方法对偏微分方程进行求解，从而获得流体速度、压强、流量等宏观物理参数值，但是现有的软件如Flothermal、Icepak 和 ESC 等均基于宏观经典方程，未考虑速度滑移和温度跳跃等因素对换热性能的影响，进而导致仿真与实验结果不一致。

　　典型等截面直微通道的能量方程如式(2-37)所示。对于矩形微通道，边界条件为

$$\begin{cases} x = \dfrac{a}{2},\ 0 \leqslant y \leqslant \dfrac{b}{2},\ T - T_{\mathrm{w}} = -l_{\mathrm{s}} \dfrac{\partial T}{\partial y}\bigg|_{y=\frac{a}{2}} \\[2mm] y = \dfrac{b}{2},\ 0 \leqslant x \leqslant \dfrac{a}{2},\ T - T_{\mathrm{w}} = -l_{\mathrm{s}} \dfrac{\partial T}{\partial x}\bigg|_{x=\frac{b}{2}} \\[2mm] x = 0,\ 0 \leqslant y \leqslant \dfrac{b}{2},\ \dfrac{\partial T}{\partial y} = 0 \\[2mm] y = 0,\ 0 \leqslant x \leqslant \dfrac{a}{2},\ \dfrac{\partial T}{\partial x} = 0 \end{cases} \qquad (2-66)$$

对于圆形微通道，引入柱坐标

$$x = r\cos\theta,$$
$$y = r\sin\theta$$

其能量方程为

$$\rho c_p w \frac{\partial T}{\partial z} = \lambda \left(\frac{\partial^2 T}{\partial r^2} + \frac{1}{r} \frac{\partial T}{\partial r} + \frac{\partial^2 T}{\partial z^2} \right) + \mu \left(\frac{\mathrm{d} w}{\mathrm{d} r} \right)^2 \qquad (2-67)$$

若热边界条件为定壁温边界条件(T_w 为壁面温度且为常数)，考虑温度跳跃及轴对称性，则热边界条件可表示为

$$\begin{cases} T \big|_{r=R_0} - T_w = -l_T \dfrac{\partial T}{\partial r} \bigg|_{r=R_0} \\[3mm] \dfrac{\partial T}{\partial r} \bigg|_{r=0} = 0 \end{cases} \qquad (2-68)$$

式中，l_T 为温度跳跃系数。

对于缝隙微通道，只需考虑 z 方向的速度，则能量方程可表示为

$$w \frac{\partial T}{\partial z} = \frac{\lambda}{\rho c_p} \left(\frac{\partial^2 T}{\partial y^2} + \frac{\partial^2 T}{\partial z^2} \right) + \mu \left(\frac{\mathrm{d} w}{\mathrm{d} y} \right)^2 \qquad (2-69)$$

若缝隙微通道上、下壁面温度为常数且相等，考虑温度跳跃，则边界条件为

$$\begin{cases} T \big|_{y=\pm b} - T_w = \mp l_T \dfrac{\partial T}{\partial y} \bigg|_{y=\pm b} \\[3mm] \dfrac{\partial T}{\partial y} \bigg|_{y=0} = 0 \end{cases} \qquad (2-70)$$

若缝隙微通道上、下壁面温度为常数，但上、下壁面温度不相等，则边界条件为

$$\begin{cases} T \big|_{y=b} - T_{+w} = -l_{T,+w} \dfrac{\partial t}{\partial y} \bigg|_{y=b} \\[3mm] T \big|_{y=-b} - T_{-w} = l_{T,-w} \dfrac{\partial t}{\partial y} \bigg|_{y=-b} \end{cases} \qquad (2-71)$$

式中，T_{+w} 和 T_{-w} 为分别上、下壁面温度，$l_{T,+w}$ 和 $l_{T,-w}$ 分别为上、下壁面温度跳跃系数。

本书第 3 章和第 4 章将分别基于上述方程，针对圆形和缝隙微通道结构，运用分离变量法求解能量方程的解析解(完备解)，再根据温度跳跃边界条件得到本征值，最后根据斯特姆-刘维尔本征问题的正交性求出待定系数，从而获得这两种微通道在考虑轴向热传导、入口效应、黏性耗散、速度滑移和温度跳跃情况下的温度场的解析解。

第 3 章　圆形微通道对流换热分析

Graetz 和 Nusselt[87] 最早用解析法求解了圆形管道(如图 3.1 所示)在层流区的强迫对流换热问题,因此该问题被称为 Graetz 问题。然而 Graetz 问题忽略了轴向热传导和黏性耗散对换热的影响。由于微通道尺寸小,微通道区域内的热和流体行为表现出强烈的尺寸效应,使得传统的热学和流体力学的控制方程不能描述这一微观现象。为此,研究人员开始研究黏性耗散、速度滑移、温度跳跃、入口效应和轴向热传导等尺寸效应对微通道流体流动及换热的影响规律。

本章主要分析考虑黏性耗散、轴向热传导、速度滑移、温度跳跃和入口效应等因素的 Graetz 问题。首先利用解析法求解定壁温热边界条件下的能量方程,得到温度场的完备解;再根据温度跳跃边界条件得到本征值;又根据斯特姆-刘维尔本征值的加权正交性得到解析解中的待定系数;最后给出流体温度和努塞尔数的计算表达式。

3.1　考虑尺寸效应的圆形微通道能量方程

图 3.1 为圆形微通道示意图。假设流体流动为稳态,流动状态是层流,流体不可压缩且在入口处充分发展。流体的温度是关于 z 轴对称的,导热系数为常数,相应的能量方程[88]为

$$\rho c_p w \frac{\partial T}{\partial z} = \lambda \left(\frac{\partial^2 T}{\partial r^2} + \frac{1}{r} \frac{\partial T}{\partial r} + \frac{\partial^2 T}{\partial z^2} \right) + \mu \left(\frac{\mathrm{d}w}{\mathrm{d}r} \right)^2 \tag{3-1}$$

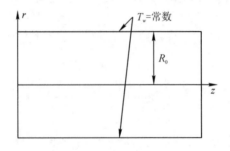

图 3.1　圆形微通道示意图

考虑速度滑移边界条件且处于充分发展阶段的流体速度[89]为

$$w(r) = 2w_{\mathrm{m}}\left[\frac{1 + 2l_{\mathrm{s}}/R_0}{1 + 4l_{\mathrm{s}}/R_0} - \frac{r^2/R_0^2}{1 + 4l_{\mathrm{s}}/R_0}\right] \tag{3-2}$$

式中，R_0 为圆形微通道的半径。

将式(3-2)代入式(3-1)中，可得

$$\rho c_p 2w_{\mathrm{m}}\left[\frac{1 + 2l_{\mathrm{s}}/R_0}{1 + 4l_{\mathrm{s}}/R_0} - \frac{r^2/R_0^2}{1 + 4l_{\mathrm{s}}/R_0}\right]\frac{\partial T}{\partial z} = \lambda\left(\frac{\partial^2 T}{\partial r^2} + \frac{\partial T}{r\partial r} + \frac{\partial^2 T}{\partial z^2}\right) + \frac{16\mu w_{\mathrm{m}}^2 r^2}{R_0^4(1 + 4l_{\mathrm{s}}/R_0)^2}$$

$$\tag{3-3}$$

对于轴对称问题，流体温度在微通道轴线处应满足

$$\left.\frac{\partial T}{\partial r}\right|_{r=0} = 0 \tag{3-4}$$

研究者指出，当通道尺寸足够小的时候，在通道壁面处存在速度滑移和温度跳跃。因此，流体温度在壁面处满足公式：

$$T\,|_{r=R_0} - T_{\mathrm{w}} = -l_T\left.\frac{\partial T}{\partial r}\right|_{r=R_0} \tag{3-5}$$

3.2　考虑尺寸效应的圆形微通道能量方程的解

根据微分方程解的结构，非齐次方程式(3-3)的解为特解 T_∞ 和齐次解的 $T_1(r, z)$ 之和，即

$$T = T_\infty + T_1(r, z) \tag{3-6}$$

1. 特解

当 $z \to \infty$ 时，流体温度将趋于壁面温度，而壁面温度保持常数，因此 $\dfrac{\partial T_\infty}{\partial z} = 0$。

把 $\dfrac{\partial T_\infty}{\partial z} = 0$ 代入式(3-3)进行积分，可以得到温度场的表达式。把温度场的表达式代入式(3-5)中，可得式(3-3)特解的方程为

$$\lambda\left(\frac{\partial^2 T_\infty}{\partial r^2} + \frac{1}{r}\frac{\partial T_\infty}{\partial r}\right) + \mu\frac{16w_{\mathrm{m}}^2 r^2}{R_0^4(1 + 4l_{\mathrm{s}}/R_0)^2} = 0 \tag{3-7}$$

对式(3-7)进行变换，得到

$$\frac{1}{r}\frac{\mathrm{d}\left(r\dfrac{\mathrm{d}T_\infty}{\mathrm{d}r}\right)}{\mathrm{d}r} = \frac{-16\mu w_{\mathrm{m}}^2 r^2}{\lambda R_0^4(1 + 4l_{\mathrm{s}}/R_0)^2} \tag{3-8}$$

式(3-8)两端同时乘以 r 可得

$$\frac{\mathrm{d}\left(r\dfrac{\mathrm{d}T_\infty}{\mathrm{d}r}\right)}{\mathrm{d}r} = \frac{-16\mu w_{\mathrm{m}}^2}{\lambda R_0^4(1 + 4l_{\mathrm{s}}/R_0)^2}r^3 \tag{3-9}$$

再整理，可得

$$\frac{\mathrm{d}T_\infty}{\mathrm{d}r} = -\frac{1}{4}\frac{16\mu w_m^2 r^3}{\lambda R_0^4 (1+4l_s/R_0)^2} + \frac{b_1}{r} \tag{3-10}$$

最后积分求解得到温度表达式为

$$T_\infty = -\frac{\mu w_m^2 r^4}{\lambda R_0^4 (1+4l_s/R_0)^2} + b_1 \ln r + c \tag{3-11}$$

下面确定式(3-11)中的待定系数 c 和 b_1。当 $r=0$ 时，$\ln r$ 为无穷大，由于流体温度一定为有限值，因此必有 $b_1 = 0$，即

$$T_\infty = -\frac{\mu w_m^2 r^4}{\lambda R_0^4 (1+4l_s/R_0)^2} + c \tag{3-12}$$

将式(3-12)代入温度跳跃边界条件式(3-5)，可得

$$-\frac{\mu w_m^2 R_0^4}{\lambda R_0^4 (1+4l_s/R_0)^2} + c - T_w = -l_T\left[-\frac{1}{4}\frac{16\mu w_m^2 R_0^3}{\lambda R_0^4 (1+4l_s/R_0)^2}\right] \tag{3-13}$$

整理式(3-13)，得到系数 c 为

$$c = T_w + \frac{\mu w_m^2}{\lambda (1+4l_s/R_0)^2}\left(1 + 4\frac{l_T}{R_0}\right) \tag{3-14}$$

式(3-14)的解为

$$T_\infty = T_w + \mu\frac{w_m^2}{\lambda (1+4l_s/R_0)^2}\left(4\frac{l_T}{R_0} + 1 - \frac{r^4}{R_0^4}\right) \tag{3-15}$$

2. 齐次解

对应式(3-3)的齐次方程为

$$\rho c_p w \frac{\partial T_1}{\partial z} = \lambda\left(\frac{\partial^2 T_1}{\partial r^2} + \frac{1}{r}\frac{\partial T}{\partial r} + \frac{\partial^2 T_1}{\partial z^2}\right) \tag{3-16}$$

根据分离变量法，令 $T_1 = R(r)Z(z)$，代入式(3-16)，得到

$$\rho c_p w R \frac{\mathrm{d}Z}{\mathrm{d}z} = \lambda Z\left(\frac{\mathrm{d}^2 R}{\mathrm{d}r^2} + \frac{1}{r}\frac{\mathrm{d}R}{\mathrm{d}r}\right) + \lambda R\frac{\mathrm{d}^2 Z}{\mathrm{d}z^2} \tag{3-17}$$

整理得到

$$\frac{1}{rR}\frac{\mathrm{d}}{\mathrm{d}r}\left(r\frac{\mathrm{d}R}{\mathrm{d}r}\right) = \frac{\rho c_p}{\lambda Z}\frac{\mathrm{d}Z}{\mathrm{d}z}w - \frac{1}{Z}\frac{\mathrm{d}^2 Z}{\mathrm{d}z^2} \tag{3-18}$$

由于式(3-18)左端为 r 的函数，因此右端 $\dfrac{\mathrm{d}Z}{Z\mathrm{d}z}$ 和 $\dfrac{\mathrm{d}^2 Z}{Z\mathrm{d}z^2}$ 必为常数，假设 $\dfrac{\mathrm{d}Z}{Z\mathrm{d}z} = A$，$\dfrac{\mathrm{d}^2 Z}{Z\mathrm{d}z^2} = B$，可得

$$\frac{\mathrm{d}Z}{\mathrm{d}z} = AZ,\ \frac{\mathrm{d}^2 Z}{\mathrm{d}z^2} = BZ \tag{3-19}$$

下面分 $A=0$ 和 $A\neq0$ 两种情况讨论式(3-19)的解。

当 $A=0$，代入式(3-19)，积分得到

$$Z=D_0 \tag{3-20}$$

则关于 R 的方程变为

$$\frac{1}{rR}\frac{\mathrm{d}}{\mathrm{d}r}\left(r\frac{\mathrm{d}R}{\mathrm{d}r}\right)=0 \tag{3-21}$$

求解式(3-21)，可得

$$R=E\ln r+D_1 \tag{3-22}$$

当 $A\neq0$，对式(3-19)进行积分，可得

$$Z=\mathrm{e}^{Az},\ A^2=B \tag{3-23}$$

则关于 R 的方程可表示为

$$\frac{1}{rR}\frac{\mathrm{d}}{\mathrm{d}r}\left(r\frac{\mathrm{d}R}{\mathrm{d}r}\right)=A\frac{\rho c_p}{\lambda}w(r)-A^2 \tag{3-24}$$

上述情况中，$A=0$ 时，由式(3-20)和式(3-22)，可得

$$T=R(r)Z(z)=(E\ln r+D_1)D_0=ED_0\ln r+D_1D_0 \tag{3-25}$$

因为 $r=0$ 时，$\ln r$ 为无穷大，所以 $E=0$，其解为常数 D_1D_0，假设 $D=D_1D_2$。

当 $A\neq0$，且 $A<0$ 时，是物理解；当 $A>0$，且 $z\to\infty$ 时，导致流体温度为无穷大，是**非物理解，此时式(3-25)的解为无穷大。因此后面讨论时，只取 $A<0$。**

令 $Pe=RePr$，引入无量纲参数

$$r_1=\frac{r}{R_0},\quad z_1=\frac{z}{PeR_0},\quad A=-\beta \tag{3-26}$$

将速度场 $w(r)$(式(3-2))写成无量纲化形式，即

$$w(r_1)=2w_{\mathrm{m}}\left[\frac{1+\dfrac{2l_{\mathrm{s}}}{R_0}}{1+4\dfrac{l_{\mathrm{s}}}{R_0}}-\frac{r_1^2}{1+4\dfrac{l_{\mathrm{s}}}{R_0}}\right]$$

将 $w(r_1)$ 及式(3-26)代入式(3-24)中，则关于 R 的方程变为

$$r_1\frac{\mathrm{d}^2R}{\mathrm{d}r_1^2}+\frac{\mathrm{d}R}{\mathrm{d}r_1}+r_1\left[\left(\frac{\beta}{Pe}\right)^2+\beta\left(\frac{1+\dfrac{2l_{\mathrm{s}}}{R_0}}{1+\dfrac{4l_{\mathrm{s}}}{R_0}}-\frac{1}{1+\dfrac{4l_{\mathrm{s}}}{R_0}}r_1^2\right)\right]R=0 \tag{3-27}$$

式(3-27)可以约化为合流超几何方程[90]，以 $P_{k,m}(\xi)$ 表示惠泰克方程(式(3-27))的解

$$\frac{\mathrm{d}^2P_{k,m}(\xi)}{\mathrm{d}\xi^2}+\left[-\frac{1}{4}+\frac{k}{\xi}+\frac{\frac{1}{4}-m^2}{\xi^2}\right]P_{k,m}(\xi)=0 \tag{3-28}$$

设

$$R(r_1)=r_1^{\delta}\mathrm{e}^{f(r_1)}P_{k,m}(h(r_1)) \tag{3-29}$$

通过直接计算，可得 $R(r_1)$ 的微分方程

$$\frac{\mathrm{d}^2 R}{\mathrm{d} r_1^2} + \left[\frac{1 - \gamma - 2\delta}{r_1} - 2\gamma \alpha r_1^{\gamma - 1} \right] \frac{\mathrm{d}R}{\mathrm{d}r_1} +$$

$$\left[\gamma^2 \left(\alpha^2 - \frac{\Omega^2}{4} \right) r_1^{2\gamma - 2} + \gamma(2\alpha\delta + \Omega k\gamma) r_1^{\gamma - 2} + \frac{\delta(\delta + \gamma) + \gamma^2 \left(\frac{1}{4} - m^2 \right)}{r_1^2} \right] R = 0$$

$$(3-30)$$

其中,

$$f(r_1) = \alpha r_1^{\gamma} \qquad (3-31)$$

$$h(r_1) = \Omega r_1^{\gamma} \qquad (3-32)$$

α 与 Ω 为待求的整数,可通过式(3-30)求出。

经参数选择匹配后,式(3-30)可以退化为式(3-27),参数选择如下:

$$\alpha = 0, \ \gamma = 2, \ \delta = -1, \ m = 0, \ \Omega^2 = \frac{\beta}{1 + \dfrac{4l_s}{R_0}}, \ k = \frac{\left(\dfrac{\beta}{Pe} \right)^2 + \beta \dfrac{1 + 2l_s/R_0}{1 + 4l_s/R_0}}{\Omega \gamma^2}$$

$$(3-33)$$

根据惠泰克方程的解[93],式(3-27)的解可表示为

$$R = C_1 r_1^{-1} M_{k, m}(x) + C_2 r_1^{-1} W_{k, m}(x) \qquad (3-34)$$

其中,

$$x = \Omega r_1^2 \qquad (3-35)$$

$$M_{k, m}(x) = \mathrm{e}^{-\frac{x}{2}} x^{\frac{1}{2}} \mathrm{F} \left(\frac{1}{2} - k, \ 1, \ x \right)$$

$$= \mathrm{e}^{-\frac{\Omega_j r_1^2}{2}} r_1^1 (\Omega_j)^{\frac{1}{2}} \left[1 + \frac{\Gamma(1)}{\Gamma \left(\dfrac{1}{2} - k \right)} \sum_{n=1}^{\infty} \frac{\Gamma \left(\dfrac{1}{2} - k + n \right)}{n! \ \Gamma(1+n)} (\Omega_j r_1^2)^n \right] \quad (3-36)$$

考虑到流体温度在微通道中心处的温度必须为有限值。因为式(3-34)中 $C_2 r_1^{-1} W_{k, m}(x)$ 含有 $r_1 = 0$ 时的奇异项 $r^{-1} M_{k, m}(x) \ln x$,故必须有 $C_2 = 0$。所以惠泰克方程的解为 $M_{k, m}(x)$。

故式(3-27)的解为

$$T_1 = D + \frac{\mu w_m^2}{\lambda} \sum_{j=1}^{\infty} C_j R_j \mathrm{e}^{-\beta_j z_1} \qquad (3-37)$$

下面确定常数 D,将齐次解(式(3-37))和特解代入式(3-6),得到

$$T = T_w + \mu \frac{w_m^2}{\lambda (1 + 4l_s/R_0)^2} \left(4 \frac{l_T}{R_0} + 1 - \frac{r^4}{R_0^4} \right) + D + \frac{\mu w_m^2}{\lambda} \sum_{j=1}^{\infty} C_j R_j \mathrm{e}^{-\beta_j z_1} \quad (3-38)$$

当 $z_1 \to \infty$ 时,流体温度趋于壁面温度,将 $T_w = T(R_0, 0)$ 代入式(3-38),可得 $D = 0$。

能量方程的齐次解为

$$T_1 = \frac{\mu w_m^2}{\lambda} \sum_{j=1}^{\infty} C_j R_j \mathrm{e}^{-\beta_j z_1} \qquad (3-39)$$

其中,β_j 为本征值,$R_j(r_1, \beta_j)$ 为本征函数。

$$\Omega_j = \sqrt{\frac{\beta_j}{1 + \dfrac{4l_s}{R_0}}} \qquad (3-40)$$

$$k_j = \cfrac{\left(\cfrac{\beta_j}{Pe}\right)^2 + \beta_j \cfrac{1 + \cfrac{2l_s}{R_0}}{1 + \cfrac{4l_s}{R_0}}}{4\Omega_j} \qquad (3-41)$$

$$R_j = \mathrm{e}^{-\frac{\Omega_j r_1^2}{2}} \mathrm{F}\left(\frac{1}{2} - k_j,\ 1,\ \Omega_j r_1^2\right) = \mathrm{e}^{-\frac{\Omega_j r_1^2}{2}}\left[1 + \cfrac{\Gamma(1)\sum\limits_{n=1}^{\infty} \cfrac{\Gamma\left(\frac{1}{2} - k_j + n\right)}{n!\ \Gamma(1+n)}(\Omega_j r_1^2)^n}{\Gamma\left(\frac{1}{2} - k_j\right)}\right] \qquad (3-42)$$

在上面的流体温度表达式中，C_j 和 β_j 为未知参数，需要通过边界条件确定。

若不考虑黏度耗散，则流体的温度场分布为

$$T = T_w + \sum_{j=1}^{\infty} C_j R_j \mathrm{e}^{-\beta_j z_1} \qquad (3-43)$$

当 $l_s = 0$，且 $Pe \to \infty$ 时，式(3-43)退化为经典管道的温度场分布。

下边求式(3-43)中的待定系数 C_j 和本征值 β_j。

3.2.1　特征方程

将式(3-5)转化为无量纲形式：

$$T\big|_{r=R_0} - T_w = -l_T \frac{\partial T}{\partial r}\bigg|_{r=R_0} = -\frac{l_T}{R_0}\frac{\partial T}{\partial r_1}\bigg|_{r_1=1} \qquad (3-44)$$

将流体温度场表达式代入式(3-44)温度跳变边界条件可以得到

$$T_w + \frac{\mu w_m^2}{\lambda(1+4l_s/R_0)^2}\left(4\frac{l_T}{R_0} + 1 - r_1^4\big|_{r_1=1}\right) + \frac{\mu w_m^2}{\lambda}\sum_{j=1}^{\infty} C_j R_j \mathrm{e}^{-\beta_j z_1} - T_w$$

$$= -\frac{l_T}{R_0}\left(\frac{\mu w_m^2}{\lambda(1+4l_s/R_0)^2}\left(-4r_1^3\big|_{r_1=1}\right) + \frac{\mu w_m^2}{\lambda}\sum_{j=1}^{\infty} C_j \frac{\mathrm{d}R_j}{\mathrm{d}r_1}\bigg|_{r_1=1}\mathrm{e}^{-\beta_j z_1}\right) \qquad (3-45)$$

经整理得到

$$\frac{\mu w_m^2 4l_T}{\lambda R_0(1+4l_s/R_0)^2} - \frac{\mu w_m^2 4l_T}{\lambda R_0(1+4l_s/R_0)^2} + \frac{\mu w_m^2}{\lambda}\sum_{j=1}^{\infty}\left(C_j R_j \mathrm{e}^{-\beta_j z_1} + C_j \frac{l_T}{R_0}\frac{\mathrm{d}R_j}{\mathrm{d}r_1}\bigg|_{r_1=1}\mathrm{e}^{-\beta_j z_1}\right) = 0 \qquad (3-46)$$

因为 $\mu w_m^2/\lambda$ 和 $\mathrm{e}^{-\beta_j z_1}$ 均不为零，所以必有

$$R_j + \frac{l_T}{R_0}\frac{\mathrm{d}R_j}{\mathrm{d}r_1}\bigg|_{r_1=1} = 0 \qquad (3-47)$$

将 $R_j(r_1, \beta_j)$(式(3-42))代入式(3-47)，可得

$$\left(1 - \frac{l_T\Omega_j}{R_0}\right)\mathrm{F}\left(\frac{1}{2} - k_j,\ 1,\ \Omega_j\right) + \frac{2l_T\Omega_j}{R_0}\left(\frac{1}{2} - k_j\right)\mathrm{F}\left(\frac{1}{2} - k_j + 1,\ 2,\ \Omega_j\right) = 0 \qquad (3-48)$$

因为 Ω_j 的表达式(式(3-40))和 k_j 的表达式(式(3-41))都是关于 β_j 的一元函数，所

以式(3-48)是 β_j 的一元函数求根的方程。通过 Matlab 数值仿真可得到本征值 β_j。求解得到的本征值 β_j，如表 3.1 所示(取前 11 个本征值)。

表 3.1　前 11 个本征值 β_j

j	$\beta_j\,(l_s=0,\ l_t=0)$			
	$Pe=10^6$	$Pe=50$	$Pe=25$	$Pe=10$
1	7.31	7.29	7.21	6.74
2	44.61	43.41	40.74	30.77
3	113.92	106.89	92.74	59.50
4	215.24	191.90	154.69	89.48
5	348.56	293.10	221.97	119.97
6	513.83	406.12	292.38	150.75
7	711.22	527.78	364.76	181.70
8	940.55	655.07	438.49	212.76
9	1201.90	788.83	513.17	243.89
10	1495.20	925.56	588.55	275.08
11	1820.50	1065.30	664.46	306.31

3.2.2　温度跳跃系数

微通道入口处流体温度在壁面处存在跳跃现象，假设入口处流体温度均匀，流体温度为 T_w，壁面温度为 T_w，则 $T(r_1, 0)$ 为入口处($z_1=0$)的流体温度。

根据温度跳跃假设，$T(r_1, 0)$ 与 r_1 存在以下关系：

$$T(r_1, 0) = \begin{cases} T_e & (0 < |r_1| < 1) \\ T_w & (|r_1|=1) \end{cases} \tag{3-49}$$

为了模拟流体温度在壁面处产生的跳跃现象，下面利用傅里叶级数有限项展开的方法，构造了入口处流体的温度分布函数。

$$T(r_1, 0) = T_w + T_e\left[\frac{\pi}{2} - \left(\frac{1}{2} + y_T\right)\right] \tag{3-50}$$

式中

$$y_T = \begin{cases} \dfrac{\pi - 1}{2} & (|r_1| < 1) \\[2mm] -\dfrac{1}{2} & (1 < |r_1| < \pi) \end{cases} \tag{3-51}$$

根据式(3-49)和式(3-51)，可得

$$T(r_1, 0) = T_w + (T_w - T_e)\left[\eta\,\frac{2}{\pi}\left(\frac{\pi-1}{2} - \sum_{n=1}^{\infty}\frac{1}{n}\sin(n)\cos(nr_1)\right) - 1\right]$$

$$= T_w + (T_w - T_e)\mathfrak{R} \tag{3-52}$$

其中，

$$\Re = \eta \frac{2}{\pi}\left(\frac{\pi-1}{2} - \sum_{n=1}^{\infty} \frac{1}{n}\sin(n)\cos(nr_1)\right) - 1 \tag{3-53}$$

式中 $\Re$ 表示构造的流体的温度分布函数，η 为确定是否存在温度跳跃的参数。基于构造的入口处流体的温度分布函数，对入口处的温度跳跃现象进行仿真。仿真参数如表 3.2 所示，仿真结果如图 3.2 所示。

表 3.2　入口处流体温度仿真参数

n	$T_w/℃$	$T_e/℃$	$\eta/℃$	$T(r_1, 0)/℃$
401	60	30	0.8	54
401	60	30	1	60

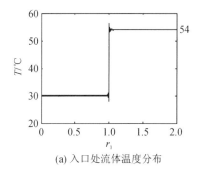
(a) 入口处流体温度分布

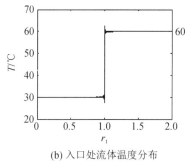
(b) 入口处流体温度分布

图 3.2　入口处流体温度分布

从图 3.2 可以看出，式 (3-52) 可以很好地模拟温度跳跃现象：首先，该式计算得到的流体温度与实际的温度跳跃现象接近；其次，该式通过取不同的 η，可以模拟不同程度的温度跳跃现象。$0 < \eta < 1$ 表示有温度跳跃边界条件，$\eta = 1$ 表示无温度跳跃边界条件。图 3.2 (a) 为考虑温度跳跃时入口处流体温度分布。当 $\eta = 0.8$ 时，在壁面处 $(r_1 = 1)$，流体的温度 $T = 54℃$，而壁面温度 $T_w = 60℃$，存在温度跳跃现象。图 3.2 (b) 为不考虑温度跳跃时入口处流体温度分布，可以看出，当 $\eta = 1$，在壁面处 $(r_1 = 1)$，流体的温度 $T = 60℃$，流体温度和壁面温度完全相同。

根据式 (3-5)，在入口处 $(z_1 = 0)$，考虑 $\left.\dfrac{\partial T_1}{\partial r_1}\right|_{r_1=1} = \eta \dfrac{2}{\pi}\sum_{n=1}^{\infty}\sin^2 n$，可以得到

$$T_w - T_w - (T_w - T_e)\left[\eta \frac{2}{\pi}\left(\frac{\pi-1}{2} - \sum_{n=1}^{\infty} \frac{1}{n}\sin(n)\cos(ny_1)\right) - 1\right] = (T_w - T_e)l_T \eta \frac{2}{\pi}\sum_{n=1}^{\infty}\frac{1}{n}\sin^2 n \tag{3-54}$$

整理式 (3-54)，可得

$$l_T = R_0 \frac{T(1, 0) - T_w}{-\left.\dfrac{\partial T}{\partial r_1}\right|_{r_1=1}} = R_0 \frac{\eta \dfrac{2}{\pi}\left(\dfrac{\pi-1}{2} - \sum\limits_{n=1}^{\infty}\dfrac{1}{n}\sin n\cos n\right) - 1}{-\eta \dfrac{2}{\pi}\sum\limits_{n=1}^{\infty}\dfrac{1}{n}\sin^2 n} \tag{3-55}$$

可见，只要 $n \neq \infty$，就存在温度跳跃长度。文献 [94] 的研究表明，温度跳跃长度是气体温度、壁面气流速度、壁面温度、化学状态以及表面粗糙度的函数，实验很难得到。这里通

过构造入口处流体温度函数，得到了温度跳跃长度的表达式(式(3-55))，这为分析温度跳跃对努塞尔数的影响奠定了基础。这里进行温度跳跃系数仿真时，取 $\eta=0.8$。

根据式(3-55)，可得温度跳跃系数，代入式(3-48)，得到的本征值如表 3.3 所示。

表 3.3　本征值 β_j

j	β_j		
	$l_s/R_0=0$ $l_T/R_0=0$	$l_s/R_0=0.01$ $l_T/R_0=0.1037$	$l_s/R_0=0.01$ $l_T/R_0=0.0915$
1	7.3136	6.3861	6.4945
2	44.6090	40.7080	41.14300
3	113.9200	105.8700	106.7100
4	215.2400	202.2200	203.5200
5	348.5600	329.9600	331.7200
6	513.8300	489.2200	491.4600
7	711.2200	680.0900	682.8000
8	940.5500	902.6500	905.8100
9	1201.9000	1156.9000	1160.5000
10	1495.2000	1443.0000	1447.0000
11	1820.5000	1760.9000	1765.3000

3.2.3　本征函数的求解

1. 考虑黏性耗散

根据第 3.2.2 节的入口处流体温度的边界条件，可以得出在入口处($z_1=0$)流体温度满足：

$$T(r_1, 0)=T_w+(T_w-T_e)\Re$$

$$=T_w+\mu\,\frac{w_m^2}{\lambda(1+4l_s/R_0)^2}\left(4\frac{l_T}{R_0}+1-\frac{r^4}{R_0^4}\right)+\frac{\mu w_m^2}{\lambda}\sum_{j=1}^{\infty}C_j R_j \quad (3-56)$$

其中，C_j 为一组待定系数($j=1, 2, \cdots, n$)，可通过本征函数 $Y_i(i=1, 2, \cdots, n)$ 的加权正交性确定。

根据文献[90]给出的斯特姆-刘维尔本征问题[91]，本征函数 $R_j(r_1)$ 存在加权正交关系，即

$$\int_0^1 G(r_1)R_i(r_1)R_j(r_1)\mathrm{d}r_1=N_j^2\delta \quad (3-57)$$

其中

$$G(r_1) = r_1 \left[\frac{\beta}{(Pe)^2} + \left(\frac{1 + \dfrac{2l_s}{R_0}}{1 + \dfrac{4l_s}{R_0}} - \frac{r_1^2}{1 + \dfrac{4l_s}{R_0}} \right) \right] \tag{3-58}$$

$$\delta = \begin{cases} 1 & (i = j) \\ 0 & (i \neq j) \end{cases} \tag{3-59}$$

整理式(3-56)，得到

$$(T_w - T_e)\Re = \mu \frac{w_m^2}{\lambda(1 + 4l_s/R_0)^2} \left(4\frac{l_T}{R_0} + 1 - \frac{r^4}{R_0^4} \right) + \frac{\mu w_m^2}{\lambda} \sum_{j=1}^{\infty} C_j R_j \tag{3-60}$$

令布林克曼数 Br 为

$$Br = \frac{\mu w_m^2}{\lambda(T_e - T_w)} \tag{3-61}$$

则式(3-60)变为

$$-\frac{\Re}{Br} - \frac{1}{(1 + 4l_s/R_0)^2} \left(4\frac{l_T}{R_0} + 1 - r_1^4 \right) = \sum_{j=1}^{\infty} C_j R_j \tag{3-62}$$

对式(3-62)两侧同乘 $G(r_1)R_j$ 并进行积分，可得

$$C_j = -\frac{1}{N_j^2} \int_0^1 G(r_1) R_j(r_1) \left(\frac{\Re}{Br} + \frac{1}{(1 + 4l_s/R_0)^2} \left(4\frac{l_T}{R_0} + 1 - r_1^4 \right) \right) dr_1 \tag{3-63}$$

式中，N_j^2 可由式(3-57)左端进行数值积分得到。

式(3-63)可以适应不同的边界条件。令 $\eta = 1$，$T(r_1, 0)$，$\Re = -1$，C_j 就可以退化为入口流体温度均匀分布的情况。

2. 不考虑黏性耗散

若入口处温度为均匀分布 T_e，则

$$T_e = T_w + \sum_{j=1}^{\infty} C_j R_j \tag{3-64}$$

其待定系数为

$$C_j = -\frac{1}{N_j^2} \int_0^1 G(r_1) R_j(r_1) (T_e - T_w) dr_1 \tag{3-65}$$

如果入口处流体温度为 T_{m1}，则

$$T_{m1} = T_w + 4 \sum_{j=1}^{\infty} C_j \int_0^1 r_1 \left[\frac{1 + \dfrac{2l_s}{R_0}}{1 + \dfrac{4l_s}{R_0}} - \frac{r_1^2}{1 + \dfrac{4l_s}{R_0}} \right] R_j(r_1) dr_1 \tag{3-66}$$

其待定系数为

$$C_j = \frac{\displaystyle\int_0^1 (T_{m1} - T_w) G(r_1) R_j(r_1) dr_1}{4 N_j^2 \displaystyle\int_0^1 r_1 \left[\dfrac{1 + \dfrac{2l_s}{R_0}}{1 + \dfrac{4l_s}{R_0}} - \dfrac{r_1^2}{1 + \dfrac{4l_s}{R_0}} \right] dr_1} \tag{3-67}$$

经过 Matlab 仿真后，得到了待定系数 C_j，如表 3.4 所示。

表 3.4　本征值 C_j

j	C_j		
	$l_s/R_0=0$ $l_T/R_0=0$	$l_s/R_0=0.01$ $l_T/R_0=0.1037$	$l_s/R_0=0.01$ $l_T/R_0=0.0915$
1	-44.2930	$-36\,440.0$	$-36\,532.0$
2	24.1830	$23\,680.0$	$23\,920.0$
3	-17.6630	$-17\,066.0$	$-17\,380.0$
4	14.2750	$13\,292.0$	$13\,640.0$
5	-12.1500	$-10\,853.0$	$11\,207.0$
6	10.6670	9142.1	8076.6
7	-9.5752	-7875.0	9495.7
8	8.7223	6899.8	7235.0
9	-8.0379	-6121.6	-6444.7
10	7.4714	5495.4	5803.9
11	-6.9957	-4975.9	-5264.4

3.3　相关参数的求解

3.3.1　平均温度

根据流体截面平均温度的定义[92]，平均温度可表示为

$$T_m(z_1)=\frac{\int_A c_p\rho Tw\,dA}{\int_A c_p\rho w\,dA}=\frac{\int_0^{2\pi}\int_0^1 w(r_1)Tr_1\,dr_1\,d\theta}{\pi w_m}$$

$$=T_w+\frac{4\Psi\mu w_m^2}{\lambda(1+4l_s/R_0)^2}+\frac{4\Upsilon\mu w_m^2}{\lambda} \qquad (3-68)$$

其中：

$$\Psi=\frac{1}{8}\frac{1}{1+\dfrac{4l_s}{R_0}}-\frac{1}{6}\frac{1+\dfrac{2l_s}{R_0}}{1+\dfrac{4l_s}{R_0}}-\frac{1}{4}\frac{4\dfrac{l_T}{R_0}+1}{1+\dfrac{4l_s}{R_0}}+\frac{1}{2}\frac{\left(4\dfrac{l_T}{R_0}+1\right)\left(1+\dfrac{2l_s}{R_0}\right)}{1+\dfrac{4l_s}{R_0}} \qquad (3-69)$$

$$\varUpsilon = \sum_{j=1}^{\infty} C_j \int_0^1 r_1 \left[\frac{1 + \dfrac{2l_s}{R_0}}{1 + \dfrac{4l_s}{R_0}} - \frac{r_1^2}{1 + \dfrac{4l_s}{R_0}} \right] R_j(r_1) e^{-\beta_j z_1} dr_1 \tag{3-70}$$

A 为微通道截面面积。若忽略黏性耗散，则流体的平均温度为

$$T_m(z_1) = \frac{\displaystyle\int_A c_p \rho T w \, dA}{\displaystyle\int_A c_p \rho w \, dA} = \frac{\displaystyle\int_0^{2\pi} \int_0^1 w(r_1) T r_1 \, dr_1 \, d\theta}{\pi R_0^2 w_m}$$

$$= T_w + 4 \sum_{j=1}^{\infty} C_j \int_0^1 r_1 \left[\frac{1 + \dfrac{2l_s}{R_0}}{1 + \dfrac{4l_s}{R_0}} - \frac{r_1^2}{1 + \dfrac{4l_s}{R_0}} \right] R_j(r_1) e^{-\beta_j z_1} dr_1 \tag{3-71}$$

当 $l_s = 0$ 且 $Pe \to \infty$ 时，式(3-71)可退化为宏观管道的平均温度场分布。

3.3.2　换热能力

1. 热流密度

考虑黏性耗散时，流固交界面($r = R_0$)的对流换热量等于贴壁流体层的热传导热量[91]，因此流体热流密度可以表示为

$$q_w = \lambda \frac{\partial T}{\partial r} \bigg|_{r=R_0} = \frac{\lambda}{R_0} \frac{\partial T}{\partial r} \bigg|_{r_1=1}$$

$$= -\frac{4}{R_0} \frac{\mu w_m^2}{(1 + 4l_s/R_0)^2} + \frac{\mu w_m^2}{R_0} \sum_{j=1}^{\infty} C_j \frac{dR_j}{dr_1} \bigg|_{r_1=1} e^{-\beta_j z_1} \tag{3-72}$$

不考虑黏性耗散时的热流密度如下：

$$q_w = \lambda \frac{\partial T}{\partial r} \bigg|_{r=R_0} = \frac{\lambda}{R_0} \sum_{j=1}^{\infty} C_j \frac{dR_j}{dr_1} \bigg|_{r_1=1} e^{-\beta_j z_1} \tag{3-73}$$

2. 努塞尔数

考虑黏性耗散时根据对流换热系数的定义[91]，圆形微通道的局部对流换热系数为

$$h(z_1) = \frac{q_w}{T_w - T_m} = \frac{\lambda \dfrac{1}{R_0} \left(4 - \left(1 + \dfrac{4l_s}{R_0}\right)^2 \sum_{j=1}^{\infty} C_j \dfrac{dR_j}{dr_1} \bigg|_{r_1=1} e^{-\beta_j z_1} \right)}{\dfrac{4\varPsi}{(1 + 4l_s/R_0)^2} + 4\varUpsilon} \tag{3-74}$$

圆形微通道的努塞尔数可以表示为

$$Nu(z_1) = \frac{2R_0}{\lambda} h(z_1) = \frac{\dfrac{1}{2} \left(4 - \left(1 + \dfrac{4l_s}{R_0}\right)^2 \sum_{j=1}^{\infty} C_j \dfrac{dR_j}{dr_1} \bigg|_{r_1=1} e^{-\beta_j z_1} \right)}{\dfrac{\varPsi}{(1 + 4l_s/R_0)^2} + \varUpsilon} \tag{3-75}$$

不考虑黏性耗散时根据对流换热系数的定义[91]，圆形微通道的局部对流换热系数为

$$h(z_1) = \frac{q_w}{T_w - T_m} = \cfrac{\dfrac{\lambda}{R_0} \sum_{j=1}^{\infty} C_j \dfrac{dR_j}{dr_1}\bigg|_{r_1=1} e^{-\beta_j z_1}}{4 \sum_{j=1}^{\infty} C_j \displaystyle\int_0^1 r_1 \left[\dfrac{1 + \dfrac{2l_s}{R_0}}{1 + \dfrac{4l_s}{R_0}} - \dfrac{r_1^2}{1 + \dfrac{4l_s}{R_0}} \right] R_j(r_1) e^{-\beta_j z_1} dr_1} \tag{3-76}$$

则根据努塞尔数的定义,圆形微通道的局部努塞尔数可表示为

$$Nu(z_1) = \frac{2R_0}{\lambda} h(z_1) = \cfrac{\dfrac{1}{2} \sum_{j=1}^{\infty} C_j \dfrac{dR_j}{dr_1}\bigg|_{r_1=1} e^{-\beta_j z_1}}{\sum_{j=1}^{\infty} C_j \displaystyle\int_0^1 r_1 \left[\dfrac{1 + \dfrac{2l_s}{R_0}}{1 + \dfrac{4l_s}{R_0}} - \dfrac{r_1^2}{1 + \dfrac{4l_s}{R_0}} \right] R_j(r_1) e^{-\beta_j z_1} dr_1} \tag{3-77}$$

平均对流换热系数为

$$h_m = \frac{1}{L} \int_0^L h(z_1) dz_1 \tag{3-78}$$

平均努塞尔数为

$$\overline{Nu} = \frac{2R_0}{\lambda} h_m \tag{3-79}$$

3.3.3　工程换热能力

工程一般采用平均对流换热系数 h_m、平均努塞尔数 $\overline{Nu}$ 和通过管道-壁面交换的热量 Q 对换热能力进行评价。

由定义式

$$Q = h_m(T_w - T_m) \tag{3-80}$$

对圆形微通道能量方程(式(3-1))进行管道空间积分,可得

$$\int_A \int_0^L \rho c_p w \frac{\partial T}{\partial z} dz dA = \lambda \int_A \int_0^L \frac{1}{r} \frac{\partial \left(r \dfrac{\partial T}{\partial r} \right)}{\partial r} dz dA + \lambda \int_A \int_0^L \frac{\partial^2 T}{\partial z^2} dz dA + \int_A \int_0^L g(r) dz dA \tag{3-81}$$

其中,

$$g(r) = \mu \left(\frac{dw}{dr} \right)^2 \tag{3-82}$$

式(3-81)经过积分,可得到

$$\rho c_p w_m A \left[T_m(L) - T_m(0) \right] = \lambda 2\pi \int_0^L \left(R_0 \frac{\partial T(R_0, z)}{\partial r} - 0 \right) dz +$$
$$\lambda \int_A \left(\frac{\partial T(r, L)}{\partial z} - \frac{\partial T(r, 0)}{\partial z} \right) dA + L \int_A g(r) dA \tag{3-83}$$

经过整理,得到

$$\rho c_p w_m A(T_m(L) - T_m(0)) = 2\pi R_0 \int_0^L \lambda \frac{\partial T(R_0, z)}{\partial r} dz + \int_0^{2\pi} \int_0^\theta \lambda \frac{\partial T(r, L)}{\partial z} dr d\theta -$$

$$\int_0^{2\pi} \int_0^\theta \lambda \frac{\partial T(r, L)}{\partial z} dr d\theta - L \int_A g(r) dA \tag{3-84}$$

由平均热流密度的定义，可得

$$2\pi R_0 L \bar{q}_r = 2\pi R_0 \int_0^L \lambda \frac{\partial T(R_0, z)}{\partial r} dz \tag{3-85}$$

$$A \bar{q}_z(L) = \int_0^{2\pi} \int_0^\theta \lambda \frac{\partial T(r, L)}{\partial z} dr d\theta \tag{3-86}$$

$$A \bar{q}_z(0) = \int_0^{2\pi} \int_0^\theta \lambda \frac{\partial T(r, 0)}{\partial z} dr d\theta \tag{3-87}$$

式中，$\bar{q}_r$ 为径向热流密度，$\bar{q}_z(L)$ 为出口处的轴向热流密度，$\bar{q}_z(0)$ 为入口处的轴向热流密度。

将式(3-85)、式(3-86)和式(3-87)代入式(3-84)，得到

$$\rho c_p w_m A[T_m(L) - T_m(0)] = 2\pi R_0 L \bar{q}_r + A \bar{q}_z(L) - A \bar{q}_0(0) + L \int_A g(r) dA \tag{3-88}$$

因此径向平均热流密度 $\bar{q}_r$ 可表示为

$$\bar{q}_r = \frac{\rho c_p w_m A[T_m(L) - T_m(0)] - A \bar{q}_z(L) + A \bar{q}_0(0) - L \int_A g(r) dA}{2\pi R_0 L} \tag{3-89}$$

引入无量纲坐标

$$r_1 = \frac{r}{R_0}, \quad z_1 = \frac{z}{Pe R_0} \tag{3-90}$$

对 $\bar{q}_z$ 进行无量纲化，并将流体温度表达式代入式(3-86)中，可得

$$A \bar{q}_z(L) = \lambda \int_0^{2\pi} \int_0^\theta \frac{\partial T(r, L)}{\partial z} r dr d\theta = \lambda \int_0^{2\pi} \int_0^\theta \frac{\partial T(r_1, L_2)}{Pe R_0 \partial z_1} r_1 R_0 dr_1 R_0 d\theta$$

$$= \frac{2\pi R_0 \lambda}{Pe} \int_0^1 \frac{\partial T(r_1, L_2)}{\partial z_1} r_1 dr_1$$

$$= \frac{2\pi R_0 \lambda}{Pe} \int_0^1 \sum_{j=1}^\infty C_j(-\beta_j L_2) e^{-\beta_j L_2} R_j r_1 dr_1 \tag{3-91}$$

其中

$$L_2 = \frac{L}{Pe R_0}$$

$$A \bar{q}_z(0) = \lambda \int_0^{2\pi} \int_0^\theta \frac{\partial T(r, 0)}{\partial z} r dr d\theta = \lambda \int_0^{2\pi} \int_0^\theta \frac{\partial T(r_1, 0)}{Pe R_0 \partial z_1} r_1 R_0 dr_1 R_0 d\theta$$

$$= \frac{2\pi R_0 \lambda}{Pe} \int_0^1 \frac{\partial T(r_1, 0)}{\partial z_1} dr_1$$

$$= \frac{2\pi R_0 \lambda}{Pe} \int_0^1 \sum_{j=1}^\infty C_j(-\beta_j \times 0) e^{-\beta_j L_1} R_j dr_1 = 0 \tag{3-92}$$

$$L \int_A g(r) \mathrm{d}A = L \int_0^{2\pi} \int_0^{\theta} \mu \left(\frac{\mathrm{d}w}{\mathrm{d}r}\right)^2 r \mathrm{d}r = L \int_0^{2\pi} \int_0^{R_0} \mu \left(\frac{\mathrm{d}w}{\mathrm{d}r}\right)^2 r \mathrm{d}r$$

$$= 2\pi L \int_0^{R_0} \mu \frac{16 r^3 w_m^2}{R_0^4 \left(1 + 4\dfrac{l_s}{R_0}\right)^2} \mathrm{d}r = \mu \frac{8\pi L w_m^2}{\left(1 + 4\dfrac{l_s}{R_0}\right)^2} \qquad (3-93)$$

工程上应用时，可不考虑管道端口处的轴向热流密度及黏性耗散，式(3-89)可化简为

$$\bar{q}_r = \frac{\rho c_p w_m A [T_m(L) - T_m(0)]}{2\pi R_0 L} \qquad (3-94)$$

根据对流换热系数的定义，可得

$$h_m = \frac{\bar{q}_r}{\dfrac{1}{L} \displaystyle\int_0^L (T_w - T_m) \mathrm{d}z}$$

$$= \frac{\rho c_p w_m A [T_m(L) - T_m(0)] - A\bar{q}_z(L) + A\bar{q}_z(0) - L\displaystyle\int_A g(r)\mathrm{d}A}{2\pi R_0 L \dfrac{1}{L}\displaystyle\int_0^L (T_w - T_m)\mathrm{d}z}$$

$$= \frac{\rho c_p w_m A [T_m(L) - T_m(0)] - A\bar{q}_z(L) + A\bar{q}_z(0) - L\displaystyle\int_A g(r)\mathrm{d}A}{-2\pi R_0 \displaystyle\int_0^{\frac{L}{PeR_0}} 4\displaystyle\sum_{j=1}^{\infty} C_j \displaystyle\int_0^1 r_1 \left[\dfrac{1+\dfrac{2l_s}{R_0}}{1+\dfrac{4l_s}{R_0}} - \dfrac{r_1^2}{1+\dfrac{4l_s}{R_0}}\right] R_j(r_1) e^{-\beta_j z_1} \mathrm{d}r_1 \mathrm{d}z_1}$$

$$= \frac{\rho c_p w_m A [T_m(L) - T_m(0)] - \dfrac{\lambda R_0}{2\pi Pe}\displaystyle\int_0^1 \displaystyle\sum_{j=1}^{\infty} C_j \left(-\beta_j \dfrac{L}{PeR_0}\right) e^{-\beta_j \frac{L}{PeR_0}} r_1 R_j \mathrm{d}r_1 - \mu \dfrac{8\pi L w_m^2}{\left(1+4\dfrac{l_s}{R_0}\right)^2}}{-2\pi R_0 PeR_0 \displaystyle\int_0^{\frac{L}{PeR_0}} 4\displaystyle\sum_{j=1}^{\infty} C_j \displaystyle\int_0^1 r_1 \left[\dfrac{1+\dfrac{2l_s}{R_0}}{1+\dfrac{4l_s}{R_0}} - \dfrac{r_1^2}{1+\dfrac{4l_s}{R_0}}\right] R_j(r_1) e^{-\beta_j z_1} \mathrm{d}r_1 \mathrm{d}z_1}$$

$$(3-95)$$

其中，

$$T_m(L) - T_m(0) = 4\sum_{j=1}^{\infty} C_j \int_0^1 r_1 \left[\dfrac{1+\dfrac{2l_s}{R_0}}{1+\dfrac{4l_s}{R_0}} - \dfrac{r_1^2}{1+\dfrac{4l_s}{R_0}}\right] R_j(r_1) e^{-\beta_j \frac{L}{PeR_0}} \mathrm{d}r_1 -$$

$$4\sum_{j=1}^{\infty} C_j \int_0^1 r_1 \left[\dfrac{1+\dfrac{2l_s}{R_0}}{1+\dfrac{4l_s}{R_0}} - \dfrac{r_1^2}{1+\dfrac{4l_s}{R_0}}\right] R_j(r_1) \mathrm{d}r_1 \qquad (3-96)$$

根据雷诺数和普朗特数的定义，可得

$$Re = \frac{w_\mathrm{m}(2R_0)}{\left(\dfrac{\mu}{\rho}\right)} = \frac{w_\mathrm{m}d}{v}$$

$$Pr = \frac{\left(\dfrac{\mu}{\rho}\right)}{\left(\dfrac{\lambda}{\rho c_p}\right)} = \frac{\mu c_p}{\lambda} = \frac{v\rho c_p}{\lambda}$$

$$Pe = RePr = 2R_0 w_\mathrm{m}\frac{\rho c_p}{\lambda} \tag{3-97}$$

根据平均努塞尔数的定义，有

$$\overline{Nu} = \frac{2R_0}{\lambda}h_\mathrm{m}$$

$$= \frac{2R_0}{\lambda}\cdot\frac{\rho c_p w_\mathrm{m}A\left[T_\mathrm{m}(L)-T_\mathrm{m}(0)\right]-\dfrac{2\pi R_0\lambda}{Pe}\displaystyle\int_0^1\sum_{j=1}^{\infty}C_j\left(-\beta_j\dfrac{L}{PeR_0}\right)\mathrm{e}^{-\beta_j\frac{L}{PeR_0}}R_j r_1\mathrm{d}r_1-\mu\dfrac{8\pi L w_\mathrm{m}^2}{\left(1+4\dfrac{l_\mathrm{s}}{R_0}\right)^2}}{-2\pi R_0 PeR_0\displaystyle\int_0^{\frac{L}{PeR_0}}4\sum_{j=1}^{\infty}C_j\int_0^1 r_1\left[\dfrac{1+\dfrac{2l_\mathrm{s}}{R_0}}{1+\dfrac{4l_\mathrm{s}}{R_0}}-\dfrac{r_1^2}{1+\dfrac{4l_\mathrm{s}}{R_0}}\right]R_j(r_1)\mathrm{e}^{-\beta_j z_1}\mathrm{d}r_1\mathrm{d}z_1}$$

$$= Nu_1 + Nu_2 + Nu_3$$

$$\tag{3-98}$$

其中，Nu_1 为流体对流换热对努塞尔数的贡献部分；Nu_2 为轴向热传导对努塞尔数的贡献部分；Nu_3 为黏性耗散对努塞尔数的贡献部分。

令

$$\frac{\overline{Nu}}{Nu_1} = 1 + \frac{Nu_2}{Nu_1} + \frac{Nu_3}{Nu_1} \tag{3-99}$$

根据努塞尔数的计算公式，通过编写 Matlab 程序，可求解得到努塞尔数，结果分析见 3.4 节。

3.4　结果分析讨论

3.4.1　努塞尔数

1. 黏性耗散 *Br* 对努塞尔数的影响

图 3.3 示出了不同 *Br* 值对努塞尔数曲线的影响。图 3.3 表明：

（1）不同的 *Br* 值会产生不同于经典 Graetz 问题的努塞尔数。当 $Br \neq 0$ 时，努塞尔数在充分发展段的渐进值为 9.6；当 $Br = 0$ 时，努塞尔数在充分发展段的渐进值为 3.6568（这与 Graetz 的计算结果完全吻合）。

(2) 不同的 Br 值会使努塞尔数曲线变化。图 3.3 对比了 $Br=0.001$、$Br=-0.001$ 和 $Br=0$ 时的三种情况。当 $z_1<0.2$ 时，努塞尔数曲线与 Br 值无关。当 $z_1>0.2$，努塞尔数曲线表现出不同的情况，分成了三条。

(3) 当 $z_1=0.63$，$Br=-0.001$ 时，努塞尔数变为无穷大。这是因为在式(3-76)中，分母(T_w-T_m)在某轴向位置处为零，从而导致仿真结果变为无穷大。从本质上说，当 $Br<0$ 时，式(3-76)只反映耗散热的传输，不涉及对流换热。因此，以后涉及对努塞尔数的讨论时，只取 $Br=0$。

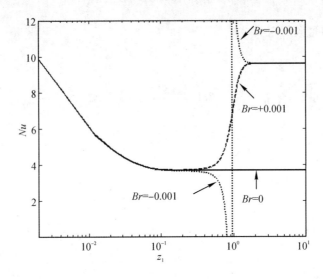

图 3.3　不同 Br 值对努塞尔数的影响($Pe=10^6$，$l_T=0$，$l_s=0$)

图 3.4 表明奇异点是吸热和放热的临界点。当 $z_1<0.92$ 时，壁面热流是正的，流体带走热量；当 $z_1>0.92$ 时，热流密度是负的，流体给壁面放热。在奇异点，热流密度为 0，流体既不吸热也不放热。

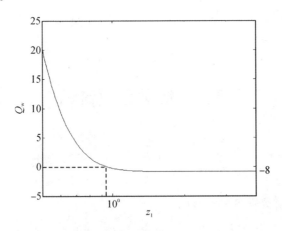

图 3.4　壁面热流 Q_w 与 z_1 的关系曲线

($Br=-0.001$，$Pe=10^6$，$l_T=0$，$l_s=0$)

2. 轴向热传导对努塞尔数的影响

图 3.5 分别绘制了在不同工质情况下，当 Pe 为 65.2，73，364.8 和 542 时，努塞尔数随 z/R_0 的变化曲线图($Re=100$)。从图 3.5 中可以看出，在入口区域($z<0.1Pe$)，不同的 Pe 值对应不同的努塞尔数曲线。对于相同的 z 值，Pe 值越大，努塞尔数越大。在充分发展段($z>0.1PeR_0$)，努塞尔数趋于 3.6568，表明在充分发展段，这个值和经典的 Graetz 的计算结果一样，Pe 数对努塞尔数没有影响。此外，由图还可看出，当 $z/R_0<50$ 时，在相同的轴向位置，相同的雷诺数下，不同工质的 Nu 数不同。

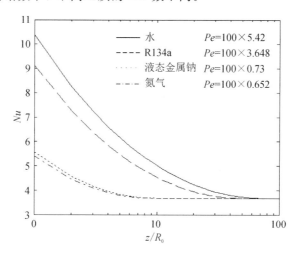

图 3.5　Pe 数对努塞尔数的影响($Br=0$，$l_s=0$，$l_T=0$，$Re=100$)

图 3.6 分别绘制了 Pe 为 10，50 和 100 时，努塞尔数随 z/R_0 变化的曲线。图 3.6 说明考虑轴向热传导的努塞尔数要大于忽略轴向热传导的努塞尔数。当 $z/R_0=0.50125$ 时，考虑轴向热传导的努塞尔数和不考虑轴向热传导的努塞尔数在 $Pe=10$ 时相差 0.4643，在 $Pe=50$ 时相差 0.0055，在 $Pe=100$ 时相差 0.00094。这表明轴向热传导的影响随着 Pe 数的增加而减小。当 $Pe>100$ 时，轴向热传导对努塞尔数的影响几乎消失。

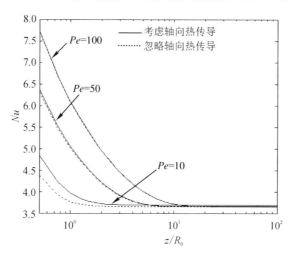

图 3.6　轴向热传导对努塞尔数的影响($l_s=0$，$l_T=0$，$Br=0$)

3. 温度跳跃对努塞尔数的影响

图 3.7 示出了当 $l_T/R_0 = 0.2587$，0.1158，0.076，0 和 $Pe = 20$ 时，努塞尔数随 z_1 的变化曲线图。当忽略温度跳跃时 $(l_T = 0)$，努塞尔数的渐进值和经典的 Graetz 计算结果相同；当考虑温度跳跃时 $(l_T \neq 0)$，努塞尔数的渐进值小于经典 Graetz 的计算结果。这可以解释为温度梯度随着温度跳跃系数的增大而减小，从而减小了换热。从图中可以看出努塞尔数随着温度跳跃系数的增加而减小。在充分发展阶段，当 l_T/R_0 等于 0，0.076，0.1158 和 0.2587 时，努塞尔数分别为 3.6568，3.3298，3.1499 和 2.2618。

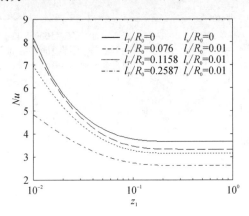

图 3.7　温度跳跃对努塞尔数的影响($Pe = 20$，$l_s/R_0 = 0.01$)

4. 速度滑移对努塞尔数的影响

图 3.8 示出了当 $l_s/R_0 = 0.002$，0.01，0.02，0 时，努塞尔数随 z_1 的变化曲线。不同的 l_s/R_0 值对应不同的滑移长度。例如，$l_s/R_0 = 0$ 表示无滑移。不考虑滑移时 $(l_s/R_0 = 0)$，努塞尔数和经典 Graetz 的计算结果相同。而当 $l_s/R_0 \neq 0$ 时，努塞尔数的值小于 Graetz 的计算结果，努塞尔数随着滑移系数的增大而减小。

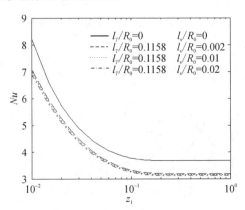

图 3.8　速度滑移对努塞尔数的影响($Pe = 20$，$l_T/R_0 = 0.1158$)

3.4.2　平均努塞尔数

图 3.9 为 Nu_2/Nu_1 随 Pe 和 z/R_0 的变化曲面图。轴向热传导对换热的影响随着坐标

z 的增大而减小。在不同区域 Nu_2/Nu_1 的比值不同,我们称 $z/R_0 \leqslant Z_e(Z_e = 0.1Pe)$ 为入口段。图 3.9 表明轴向热传导在入口段非常重要,但是在充分发展段,其影响很小。Pe 值越小,轴向热传导的影响越大。当 Pe 和 z/R_0 位于三角区域时,Nu_2/Nu_1 的比值大于 5%,这时必须考虑轴向热传导的影响。值得注意的是,三角区的顶点对不同流体是不同的,对水来说,顶点为 $(0,0)$,$(0,5)$ 和 $(30,0)$。

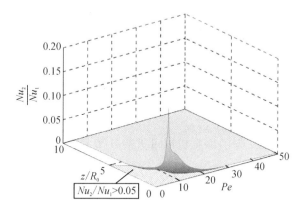

图 3.9　Nu_2/Nu_1 随 Pe 和 z/R_0 的变化曲面图

图 3.10 展示了不同工作流体(图 3.10(a) 中的 14 号润滑油和图 3.10(b) 中的水)的 $\dfrac{|Nu_3|}{|Nu_1|}$ 随 z/R_0 和 Pe 的变化曲面图。黏性耗散对换热的影响随着 Pe 数的增大而增大,这种效应在入口段比较明显。当流体为 14 号润滑油时,$\dfrac{|Nu_3|}{|Nu_1|}$ 等于 13.72,这是因为 Pe 值的增大导致平均速度增大。在入口段,当 Pe 值很小,黏性耗散对换热的影响很小,可以忽略。

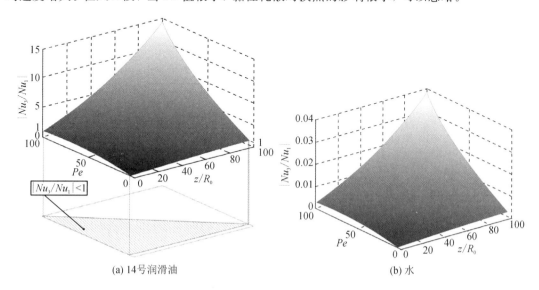

(a) 14号润滑油　　　　　　　　　　　　　　　(b) 水

图 3.10　$|Nu_3|/|Nu_1|$ 随 z/R_0 和 Pe 的变化曲面图

流体的选择对 $\dfrac{|Nu_3|}{|Nu_1|}$ 的影响也很大。例如,当 $z/R_0 = 100$ 和 $Pe = 10$ 时,润滑油的

$\dfrac{|Nu_3|}{|Nu_1|}$ 比水的大 354 倍。这是因为在室温下，14 号润滑油的动力黏度和热传导系数的比值是 239，而水是 0.2379。因此当流体是润滑油的时候，黏性耗散效应必须考虑。

从物理机制来看，$\dfrac{|Nu_3|}{|Nu_1|}$ 反映流体摩擦生热与对流换热的比值。图 3.10(a)中 $\dfrac{|Nu_3|}{|Nu_1|}$ 大于 1，当 Pe 和 z/R_0 的值不在多边形区域时，也就是说流体分子产生的热大于对流换热产生的热，因此流体不能冷却，这种情况经常发生在高速流和又细又长的管道中。

3.5　圆形微通道与宏观管道换热能力比较

下面分别对在相同流量、相同压差和相同功率情况下对微通道和宏观管道的换热量进行对比。

如图 3.11 和图 3.12 所示，取两块相同的板材，其截面尺寸为 $a \times b$，长度为 L，在第一块板上开 n 个半径为 R_1 的宏观圆孔，在第二块板上开 N 个半径为 R_2 的圆形微通道。设定两块板上开孔的对流换热面积相同，即 $\pi R_1 L$。假定两块板保持恒定壁温 $T_w = 60^\circ\text{C}$。

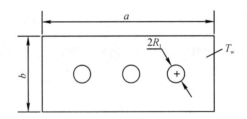

图 3.11　定壁温宏观管道散热

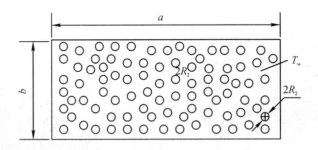

图 3.12　定壁温微通道散热

3.5.1　热量计算

根据第 3.3.1 节推导的平均温度(式(3-68))，取无量纲坐标入口 $z_1 = 0$，出口 $z_1 = L/PeR_0$（L 为管长），考虑 $Pe = RePr$ 中含有平均流速 w_m，可以得到单个管道流体带走的热量为

$$Q' = \rho c_p w_m \pi R_0^2 (T_{m2} - T_{m1})$$

$$= \frac{Pe\lambda}{2}\pi R_0 \left[\sum_{j=1}^{\infty} C_j \int_0^1 r_1 \left[\frac{1+\frac{2l_s}{R_0}}{1+\frac{4l_s}{R_0}} - \frac{r_1^2}{1+\frac{4l_s}{R_0}} \right] R_j(r_1) e^{-\beta_j \frac{L}{PeR_0}} dr_1 - \right.$$

$$\left. \sum_{j=1}^{\infty} C_j \int_0^1 r_1 \left[\frac{1+\frac{2l_s}{R_0}}{1+\frac{4l_s}{R_0}} - \frac{r_1^2}{1+\frac{4l_s}{R_0}} \right] R_j(r_1) dr_1 \right] \tag{3-100}$$

n 个宏观管道的对流换热量为

$$Q_1' = n \frac{Pe\lambda}{2}\pi R_1 \left[\sum_{j=1}^{\infty} C_j \int_0^1 r_1 \left(\frac{1+\frac{2l_s}{R_1}}{1+\frac{4l_s}{R_1}} - \frac{r_1^2}{1+\frac{4l_s}{R_1}} \right) R_j(r_1) e^{-\beta_j \frac{L}{PeR_1}} dr_1 \right.$$

$$\left. - \sum_{j=1}^{\infty} C_j \int_0^1 r_1 \left[\frac{1+\frac{2l_s}{R_1}}{1+\frac{4l_s}{R_1}} - \frac{r_1^2}{1+\frac{4l_s}{R_1}} \right] R_j(r_1) dr_1 \right] \tag{3-101}$$

N 个圆形微通道的对流换热量为

$$Q_2' = N \frac{Pe\lambda}{2}\pi R_2 \left[\sum_{j=1}^{\infty} C_j \int_0^1 r_1 \left(\frac{1+\frac{2l_s}{R_2}}{1+\frac{4l_s}{R_2}} - \frac{r_1^2}{1+\frac{4l_s}{R_2}} \right) R_j(r_1) e^{-\beta_j \frac{L}{PeR_2}} dr_1 \right.$$

$$\left. - \sum_{j=1}^{\infty} C_j \int_0^1 r_1 \left[\frac{1+\frac{2l_s}{R_2}}{1+\frac{4l_s}{R_2}} - \frac{r_1^2}{1+\frac{4l_s}{R_2}} \right] R_j(r_1) dr_1 \right] \tag{3-102}$$

3.5.2　相同流量情况下的换热能力比较

根据流量相等，可得

$$n\pi R_1^2 w_{m1} = N\pi R_2^2 w_{m2} \tag{3-103}$$

式中，w_{m1} 为圆形宏观管道的平均流速，w_{m2} 为圆形微通道的平均流速。

根据换热面积相同，$NR_2 = nR_1$，可得

$$\frac{w_{m1}}{w_{m2}} = \frac{N}{n} \frac{R_2^2}{R_1^2} = \frac{R_2}{R_1} \tag{3-104}$$

因为宏观管道和圆形微通道内流体相同，Pr 数也相同，所以微通道和宏观管道的 Pe 数之比等于雷诺数之比，即

$$\frac{Pe_1}{Pe_2} = \frac{Pr_1}{Pr_2} \frac{Re_1}{Re_2} = \frac{w_{m1} \times 2R_1}{w_{m2} \times 2R_2} = 1 \tag{3-105}$$

依据式(3-101)和式(3-102)进行计算,仿真参数和结果如表3.5和图3.13所示。宏观管道的速度滑移系数和温度跳跃系数取为零。

表 3.5　相同流量情况下的仿真参数及计算结果

$Q/$ (L/min)	宏观管道($R_1=10$ mm, $L=100$ mm, $l_s=0$, $l_T=0$, $n=3$)的参数				微通道($R_2=100$ μm, $L=100$ mm, $l_T/R_2=0.1333$, $l_s/R_2=0.08$, $N=300$)的参数			
	$w_{m1}/$(m/s)	Pe_1	$Q'_1/$W	$p_1/$MPa	$w_{m2}/$(m/s)	Pe_2	$Q'_2/$W	$p_2/$MPa
0.5652	0.0100	1350.000	37.2761	0.0961	1.000	1350.000	508.4794	1.4572
0.2826	0.0050	673.290	29.2088	0.0289	0.500	673.2919	255.8666	0.7286
0.0057	0.0001	13.466	2.8008	0.0019	0.010	13.4658	4.9434	0.0146

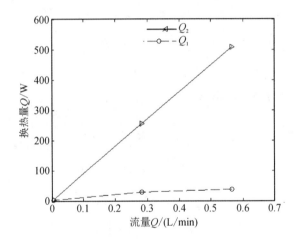

图 3.13　相同流量情况下的换热能力比较

宏观管道和微通道的压差比为

$$\frac{\Delta p_1}{\Delta p_2}=\frac{R_2^2\left(1+\dfrac{4l_s}{R_2}\right)}{R_1^2}\frac{w_{m1}}{w_{m2}}=\left(\frac{R_2}{R_1}\right)^3\left(1+\frac{4l_s}{R_2}\right)$$

$$=\left(\frac{n}{N}\right)^3\left(1+\frac{4l_s}{R_2}\right)=\frac{1}{10^6}\left(1+\frac{4l_s}{R_2}\right) \tag{3-106}$$

由表3.5及式(3-106)看出:在相同换热面积、相同流量的情况下,微通道的换热能力远大于宏观管道,但微通道需要的压力要大得多。

3.5.3　相同压差情况下的换热能力比较

根据圆形微通道的压差计算公式(式(2-56)),当宏观管道和微通道的压差相同时,有

$$n \times \frac{8\mu w_{\mathrm{m1}}}{R_1^2} = N \times \frac{8\mu w_{\mathrm{m2}}}{R_2^2(1 + 4l_{\mathrm{s}}/R_2)} \tag{3-107}$$

经过整理得到

$$\frac{w_{\mathrm{m1}}}{w_{\mathrm{m2}}} = \frac{N}{n} \frac{R_1^2}{R_2^2(1 + 4l_{\mathrm{s}}/R_2)} = \frac{10^6}{1 + \dfrac{4l_{\mathrm{s}}}{R_2}} \tag{3-108}$$

宏观管道和微通道的 Pe 数之比为

$$\frac{Pe_1}{Pe_2} = \frac{Pr_1}{Pr_2}\frac{Re_1}{Re_2} = \frac{Re_1}{Re_2} = \frac{w_{\mathrm{m1}} \times 2R_1}{w_{\mathrm{m2}} \times 2R_2} = \frac{10^8}{1 + \dfrac{4l_{\mathrm{s}}}{R_2}} \tag{3-109}$$

　　根据式(3-101)和式(3-102)进行计算，宏观管道取 $l_{\mathrm{s}}=0$ 且 $l_T=0$，仿真参数及结果如表 3.6 和图 3.14 所示。其中，Δp 为压差。

表 3.6　相同压差情况下的仿真参数及仿真结果

$\Delta p/\mathrm{MPa}$	宏观管道($R_1=10$ mm, $L=100$ mm, $l_{\mathrm{s}}=0$, $l_T=0$, $n=3$)的参数			微通道($R_2=100$ μm, $L=100$ mm, $l_T/R_2=0.1333$, $l_{\mathrm{s}}/R_2=0.08$, $N=300$)的参数		
	$w_{\mathrm{m1}}/(\mathrm{m/s})$	Pe_1	Q_1/W	$w_{\mathrm{m2}}/(\mathrm{m/s})$	Pe_2	Q_2/W
0.1460	7.58×10^3	1.02×10^9	78.2288	0.010	13.4658	4.9434
0.7286	7.58×10^4	3.06×10^{10}	78.2289	0.100	134.6584	51.0488
1.4572	1.14×10^5	1.53×10^{10}	79.2289	0.150	201.9875	76.6754
2.1900	1.16×10^5	1.56×10^{10}	78.2289	0.153	206.0273	78.1770
2.2300	1.17×10^5	1.57×10^{10}	78.2289	0.154	207.3739	78.7236
2.2400	1.17×10^5	1.58×10^{10}	78.2289	0.155	208.7205	79.2366
2.2600	1.21×10^5	1.63×10^{10}	78.2289	0.160	215.4534	81.7984
2.3300	1.33×10^5	1.79×10^{10}	78.2289	0.175	235.6522	89.4825
2.5500	1.52×10^5	2.04×10^{10}	78.2289	0.200	269.9875	102.2868
2.9100	2.27×10^5	2.27×10^{10}	78.2288	0.300	403.9752	153.4941
4.3700	3.79×10^5	5.10×10^{10}	78.2289	0.500	673.2919	255.8666
7.2900	3.79×10^4	5.10×10^9	78.2289	0.050	67.3292	25.4025
14.6000	7.58×10^5	1.02×10^{11}	78.2289	1.000	1350.0000	508.4794

　　由表 3.6 可以看出：在相同换热面积、相同压差的情况下，当微通道流体的流速小于 0.153 m/s 时，宏观管道的换热能力比微通道的换热能力强；当微通道流体的流速大于 0.153 m/s 时，微通道的换热能力强。因此若要发挥微通道的优势，就需要足够的压差和流速。

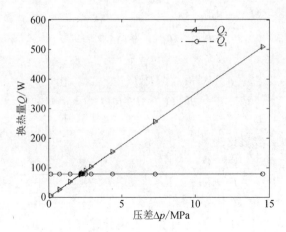

图 3.14　相同压差情况下的换热能力比较

3.5.4　相同功率情况下的换热能力比较

工程中往往对节能减排更为看重，因此考虑相同功率情况下的换热能力很有必要，而且与泵的选择关系密切。

流量与压差的乘积为功率。在功率相等的情况下，即

$$Q_1' \Delta p_1 = Q_2' \Delta p_2 \tag{3-110}$$

式中，Q_1' 和 Q_2' 分别为宏观管道和微通道的流量。

将圆形微通道的压差的计算公式(式(2-56))代入式(3-110)，得到

$$n\pi R_1^2 w_{m1} \frac{8\mu w_{m1}}{R_1^2} = N\pi R_2^2 w_{m2} \frac{8\mu w_{m2}}{R_2^2(1+4l_s/R_2)} \tag{3-111}$$

经过整理，得到

$$\frac{w_{m1}}{w_{m2}} = \sqrt{\frac{N}{n(1+4l_s/R_2)}} = 10\sqrt{\frac{1}{(1+4l_s/R_2)}} \tag{3-112}$$

宏观管道和微通道的 Pe 数之比为

$$\frac{Pe_1}{Pe_2} = \frac{Pr_1 Re_1}{Pr_2 Re_2} = \frac{Re_1}{Re_2} = \frac{w_{m1} 2R_1}{w_{m2} 2R_2}$$

$$= \frac{R_1}{R_2}\sqrt{\frac{N}{n(1+4l_s/R_2)}}$$

$$= 1000\sqrt{\frac{1}{(1+4l_s/R_2)}} \tag{3-113}$$

依据式(3-101)和式(3-102)进行计算，宏观管道取 $l_s=0$ 且 $l_T=0$，仿真参数及结果如表 3.7 和图 3.15 所示。

由表 3.7 可以看出：在相同换热面积、相同压差的情况下，当微通道的流体流速小于 0.15 m/s 时，宏观管道的换热能力比微通道的换热能力强；当微通道流体流速大于 0.15 m/s 时，微通道的换热能力比宏观管道强。

表 3.7　相同功率情况下的仿真参数及仿真结果

P/W	宏观管道($R_1 = 10$ mm, $L = 100$ mm, $l_s = 0$, $l_T = 0$, $n = 3$)的参数			微观管道($R_2 = 100$ μm, $L = 100$ mm, $l_T/R_2 = 0.1333$, $l_s/R_2 = 0.08$, $N = 300$)的参数		
	$w_{m1}/(\mathrm{m/s})$	Pe_1	Q_1/W	w_{m2}	Pe_2	Q_2/W
0.0005	0.0870	1.17×10^4	64.8436	0.010	13.4658	4.9434
0.0114	0.4352	1.08×10^4	74.8884	0.050	67.3292	25.4025
0.1030	1.3056	1.76×10^5	77.0682	0.150	201.9875	76.6754
0.1044	1.3143	1.77×10^5	77.0757	0.151	203.3342	77.1869
0.1072	1.3317	1.79×10^5	77.0905	0.153	206.0273	78.1770
0.1172	1.3926	1.88×10^5	77.1393	0.160	215.4534	81.7984
1.1445	4.3519	5.86×10^5	77.8755	0.500	673.2919	255.8666
4.5799	8.7039	1.17×10^6	78.0516	1.000	1350.0000	508.4794

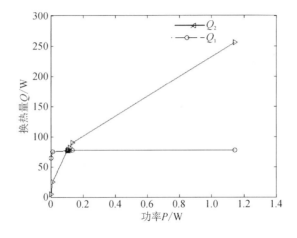

图 3.15　相同功率情况下的换热能力比较

通过以上分析可以看出，工程上选用换热方式时，对于相同换热面积的管道，需要仔细权衡以下几个因素：

（1）相同流量：微通道的换热能力大于或等于宏观管道的换热能力，但微通道需要的压差要大得多。

（2）相同压差：当微通道流体的流速小于 0.153 m/s 时，宏观管道的换热能力比微通道的换热能力强；当微通道流体的流速大于 0.153 m/s 时，微通道的换热能力比宏观管道的换热能力强。因此要发挥微通道的优势，就需要足够的压差和流速。

（3）相同功率：当微通道流体的流速小于 0.15 m/s 时，宏观管道的换热能力比微通道的换热能力强；当微通道流体的流速大于 0.15 m/s 时，微通道的换热能力比宏观管道的换热能力强。因此要发挥微通道的优势，就需要耗费足够的功率。

第4章 缝隙微通道对流换热分析

工程中经常遇到由两平行板间隙构成的微通道，这样的微通道称为缝隙微通道。本章主要分析缝隙微通道的对流换热特性，重点讨论黏性耗散、速度滑移和温度跳跃[93-95]、入口效应[96-97]、轴向热传导[98-99]等因素对缝隙微通道换热特性的影响。本章将推导微尺度下缝隙微通道的流体温度场和努塞尔数表达式。

4.1 问题描述

缝隙微通道的基本结构如图 4.1 所示。考虑黏度耗散、轴向热传导的能量方程[100]为

$$w\frac{\partial T}{\partial z} = \frac{\lambda}{\rho c_p}\left(\frac{\partial^2 T}{\partial y^2} + \frac{\partial^2 T}{\partial z^2}\right) + \mu\left(\frac{\mathrm{d}w}{\mathrm{d}y}\right)^2 \tag{4-1}$$

对式(4-1)进行下面的假设：

（1）系统内无内热源。

（2）流体为牛顿流体。

（3）流体充分发展。

（4）热物理参数（流体导热系数 λ 和动力黏度 μ 等）不随温度发生变化。

（5）系统处于稳态（流体温度不随时间变化）。

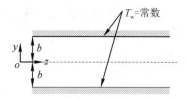

图 4.1 缝隙微通道结构示意图

对于缝隙微通道中的流体，流体 x 方向的速度 u 和 y 方向的速度 v 为零，即

$$u = 0 \tag{4-2}$$

$$v = 0 \tag{4-3}$$

根据 2.2.1 节内容，考虑速度滑移边界条件，处于充分发展阶段的缝隙微通道中流体的速度及平均速度分别为

$$w = -\frac{\Delta p}{2\mu L}\left[(b)^2\left(1 + \frac{2l_s}{b}\right) - y^2\right] \tag{4-4}$$

$$w_{\mathrm{m}} = -\frac{b^2 \Delta p}{3\mu L}\left(1 + \frac{3l_{\mathrm{s}}}{b}\right) \tag{4-5}$$

其中，w 为流体的速度，w_{m} 为流体的平均速度。

根据式(4-4)和式(4-5)，可得

$$w = \frac{3w_{\mathrm{m}}\left[\left(1 + \dfrac{2l_{\mathrm{s}}}{b}\right) - \dfrac{y^2}{b^2}\right]}{2\left(1 + \dfrac{3l_{\mathrm{s}}}{b}\right)} \tag{4-6}$$

式中，l_{s} 为速度滑移系数。

若边界条件为对称热边界条件，则流体温度在微通道轴线处满足

$$\left.\frac{\partial T}{\partial y}\right|_{y=0} = 0 \tag{4-7}$$

假定流固交界面处($y = b$)的壁面温度为 T_{w}，则其温度跳跃边界条件表达式为

$$T\Big|_{y=b} - T_{\mathrm{w}} = -l_T \left.\frac{\partial T}{\partial y}\right|_{y=b} \tag{4-8}$$

式中，l_T 为温度跳跃长度，且有

$$l_T = 4b\,\frac{2-\sigma_T}{\sigma_T}\,\frac{2\gamma}{\gamma+1}\,\frac{1}{Pr}Kn \tag{4-9}$$

式中，Kn 为克努森数，Pr 为普朗特数，σ_T 为热协调系数，γ 为比热容比。

若边界条件为不对称热边界条件，则其温度跳跃边界条件为

$$T\Big|_{y=b} - T_{+\mathrm{w}} = -l_{T,+\mathrm{w}} \left.\frac{\partial T}{\partial y}\right|_{y=b} \tag{4-10a}$$

$$T\Big|_{y=-b} - T_{-\mathrm{w}} = -l_{-T,\mathrm{w}} \left.\frac{\partial T}{\partial y}\right|_{y=-b} \tag{4-10b}$$

式中，$T_{+\mathrm{w}}$ 为上壁面温度，$T_{-\mathrm{w}}$ 为下壁面温度，$l_{T,+\mathrm{w}}$ 为上壁面温度跳跃系数，$l_{T,-\mathrm{w}}$ 为下壁面温度跳跃系数。

4.2 对称热边界条件下缝隙微通道能量方程的完备解

将速度场表达式(式(4-6))代入式(4-1)，得到

$$w\frac{\partial T}{\partial z} = \frac{\lambda}{\rho c_p}\left(\frac{\partial^2 T}{\partial y^2} + \frac{\partial^2 T}{\partial z^2}\right) + \mu\,\frac{9w_{\mathrm{m}}^2 y^2}{b^4\left(1 + \dfrac{3l_{\mathrm{s}}}{b}\right)^2} \tag{4-11}$$

式(4-11)是一个非齐次二阶线性偏微分方程，根据微分方程解的结构，非齐次方程的解为特解 T_{∞} 和齐次解 $T_1(y,z)$ 的和，即

$$T = T_{\infty} + T_1(y,z) \tag{4-12}$$

4.2.1 能量方程的特解

对应式(4-11)的特解的方程为

$$\lambda \frac{\partial^2 T_{\infty}}{\partial y^2} + \mu \frac{9 w_{m}^2 y^2}{b^4 \left(1 + \frac{3 l_s}{b}\right)^2} = 0 \tag{4-13}$$

令

$$a_1 = \mu \frac{9 w_{m}^2}{b^4 \lambda \left(1 + \frac{3 l_s}{b}\right)^2} \tag{4-14}$$

经过整理，式(4-13)可变为

$$\frac{\partial^2 T_{\infty}}{\partial y^2} = -a_1 y^2 \tag{4-15}$$

再对式(4-15)进行变换，可得

$$\frac{\partial \left(\frac{\partial T_{\infty}}{\partial y}\right)}{\partial y} = -a_1 y^2 \tag{4-16}$$

积分求解式(4-16)，可得

$$\frac{\partial T_{\infty}}{\partial y} = -3 a_1 y^3 + a_2 \tag{4-17}$$

最后积分求解式(4-17)，可以得到

$$T_{\infty} = -12 a_1 y^4 + a_2 y + a_3 \tag{4-18}$$

式中，a_1 和 a_3 为待定系数。

下面确定式(4-18)中的待定系数。假设 $a_2 \neq 0$，对任意 $y = b_0$ 和 $y = -b_0$，可得 $T_{\infty}(b_0, \infty) \neq T_{\infty}(-b_0, \infty)$，这与对称热边界条件矛盾，因此 $a_2 = 0$。根据温度跳跃边界条件(式(4-8))，得到

$$-12 a_1 y^4 + a_3 - T_w = -l_T (-12 a_1 \times 4 b^3) \tag{4-19}$$

整理式(4-19)，得到待定系数 a_3 为

$$a_3 = T_w + 12 a_1 b^4 + 12 a_1 \frac{4 l_T}{b} = T_w + \mu \frac{12 \times 9 w_{m}^2}{\lambda \left(1 + \frac{3 l_s}{b}\right)^2} \left(1 + \frac{4 l_T}{b}\right) \tag{4-20}$$

则式(4-13)的解为

$$T_{\infty} = T_w + \mu \frac{12 \times 9 w_{m}^2}{\lambda (1 + 3 l_s / b)^2} \left(1 - \frac{y^4}{b^4} + \frac{4 l_T}{b}\right) \tag{4-21}$$

4.2.2 能量方程的齐次解

对应式(4-11)的齐次方程为

$$\rho c_p w \frac{\partial T_1}{\partial z} = \lambda \left(\frac{\partial^2 T_1}{\partial y^2} + \frac{\partial^2 T_1}{\partial z^2}\right) \tag{4-22}$$

采用分离变量法，令 $T_1 = Y(y) Z(z)$，可以得到微分方程的分离变量形式为

$$\frac{1}{Y} \frac{d^2 Y}{d y^2} = \frac{\rho c_p w}{\lambda Z} \frac{dZ}{dz} - \frac{1}{Z} \frac{d^2 Z}{d z^2} \tag{4-23}$$

由于式 $(4-23)$ 左端为 y 的函数，因此右端 $\dfrac{\mathrm{d}Z}{Z\mathrm{d}z}$ 和 $\dfrac{\mathrm{d}^2Z}{Z\mathrm{d}z^2}$ 必为常数，假设 $\dfrac{\mathrm{d}Z}{Z\mathrm{d}z}=A$，

$\dfrac{\mathrm{d}^2Z}{Z\mathrm{d}z^2}=B$，可得

$$\frac{\mathrm{d}Z}{\mathrm{d}z}=AZ,\ \frac{\mathrm{d}^2Z}{\mathrm{d}z^2}=BZ \tag{4-24}$$

下面分 $A=0$ 和 $A\neq0$ 两种情况讨论式 $(4-24)$ 的解。

当 $A=0$ 时，对式 $(4-24)$ 积分，得到

$$Z=D_0 \tag{4-25}$$

式中，D_0 为常数。此时关于 Y 的方程变为

$$\frac{\mathrm{d}^2Y}{\mathrm{d}y^2}=0 \tag{4-26}$$

求解式 $(4-26)$，可以得到

$$Y=E_1y+D_1 \tag{4-27}$$

当 $A\neq0$ 时，对式 $(4-24)$ 进行积分，得到

$$Z=\mathrm{e}^{Az},\ B=A^2 \tag{4-28}$$

此时关于 Y 的方程变为

$$\frac{\mathrm{d}^2Y}{\mathrm{d}y^2}+Y\left(B-A\frac{\rho c_p}{\lambda}w(y)\right)=0 \tag{4-29}$$

上述情况中，当 $A=0$ 时，由式 $(4-25)$ 和式 $(4-27)$，可得

$$T_1=Y(y)Z(z)=(E_1y+D_1)D_0=E_1D_0y+D_1D_0 \tag{4-30}$$

根据式 $(4-30)$ 可知，当 $A=0$ 时，若 $E_1\neq0$ 将导致流体温度分布不对称，这与对称热边界条件矛盾，所以 $E_1=0$，其解为常数。当 $A<0$ 时满足物理解。当 $A>0$ 时，根据式 $(4-30)$ 可知，$z\to\infty$ 使得 $Z(z)\to\infty$，导致流体温度奇异。综上所述，$A>0$，导致解（流体温度场）不具有物理意义，所以去除。下面讨论 $A<0$ 的情况。

为讨论方便，对 y 坐标和 z 坐标进行无量纲化处理，令

$$y_1=\frac{y}{b},\ z_1=\frac{8z}{3Peb} \tag{4-31}$$

$$Z(z_1)=\mathrm{e}^{Az_1}=\mathrm{e}^{-\beta^2z_1} \tag{4-32}$$

则可以得到

$$\frac{\mathrm{d}Y}{\mathrm{d}y_1}=\frac{\mathrm{d}Y}{\mathrm{d}y}b \tag{4-33}$$

$$\frac{\mathrm{d}Z}{\mathrm{d}z_1}=\frac{\mathrm{d}Z}{\mathrm{d}z}3Peb/8 \tag{4-34}$$

$$\frac{\mathrm{d}^2Z}{\mathrm{d}z_1^2}=\frac{\mathrm{d}^2Z}{\mathrm{d}z^2}(3b/8)^2 \tag{4-35}$$

将式 $(4-6)$ 式代入 $(4-29)$，可得

$$\frac{\mathrm{d}^2Y}{\mathrm{d}y_1^2}+Y\left\{\left[\frac{\left(1+\dfrac{2l_s}{b}\right)-y_1^2}{\left(1+\dfrac{3l_s}{b}\right)}\right]\beta^2+\frac{9\beta^4}{64Pe^2}\right\}=0 \tag{4-36}$$

式(4-36)可以约化为合流超几何方程[101]，以 $P_{k,m}(\xi)$ 表示惠泰克方程的解，有

$$\frac{\mathrm{d}^2 P_{k,m}(\xi)}{\mathrm{d}\xi^2} + \left[-\frac{1}{4} + \frac{k}{\xi} + \frac{\frac{1}{4} - m^2}{\xi^2} \right] P_{k,m}(\xi) = 0 \qquad (4-37)$$

假设

$$Y(y_1) = y_1^\eta e^{f(y_1)} P_{k,m}(h(y_1)) \qquad (4-38)$$

其中，

$$f(y_1) = \alpha y_1^\phi \qquad (4-39)$$

$$h(y_1) = \Omega y_1^\phi \qquad (4-40)$$

通过计算，可得 $Y(y_1)$ 的微分方程[101]为

$$\frac{\mathrm{d}^2 Y}{\mathrm{d}y_1^2} + \left[\frac{1-\phi-2\eta}{y_1} - 2\phi\alpha y_1^{\phi-1} \right] \frac{\mathrm{d}Y}{\mathrm{d}y_1} +$$

$$\left[\phi^2 \left(\alpha^2 - \frac{\Omega^2}{4} \right) y_1^{\phi-2} + \phi(2\alpha\eta + \Omega k\phi) y_1^{\phi-2} + \frac{\eta(\eta+\phi) + \phi^2 \left[\frac{1}{4} - \phi^2 \right]}{y_1^2} \right] Y = 0$$

$$(4-41)$$

令

$$\alpha = 0, \ \phi = 2, \ \eta = -\frac{1}{2}, \ m^2 = \frac{\eta(\eta+\phi)}{\phi^2} + \frac{1}{4} = \frac{1}{16}, \ \Omega = \sqrt{\frac{\beta^2}{1 + 3\frac{l_s}{b}}} \qquad (4-42)$$

$$k = \frac{\dfrac{1 + 2\dfrac{l_s}{b}}{1 + 3\dfrac{l_s}{b}} \beta^2 + \dfrac{9\beta^4}{64Pe^2}}{4\Omega} \qquad (4-43)$$

式(4-41)可以退化为式(4-36)。根据式(4-42)，解得 $m = \pm\frac{1}{4}$。

根据文献[101]，式(4-36)的解为

$$Y = C_1 y_1^{-\frac{1}{2}} M_{k,m}(x) + C_2 y_1^{-\frac{1}{2}} W_{k,m}(x) \qquad (4-44)$$

其中，

$$x = \Omega y_1^2 \qquad (4-45)$$

因为流体在微通道中心处的温度必须为有限值，而 $y_1^{-1/2} W_{k,m}(x)$ 中含有 $y_1 = 0$ 的奇异项[101] $y_1^{-1/2} M_{k,m}(x) \ln x$，所以必有 $C_2 = 0$。由于 $m = \pm\frac{1}{4}$ 时，$2m$ 不为整数，因此式(4-36)的解为

$$Y = C_3 y_1^{-\frac{1}{2}} M_{k,m}(x) + C_4 y_1^{-\frac{1}{2}} M_{k,-m}(x) \qquad (4-46)$$

其中，

$$M_{k,m}(x) = \mathrm{e}^{-\frac{\varOmega y_1^2}{2}} y_1^{1+2m} \varOmega^{\frac{1}{2}+m} \left[1 + \frac{\Gamma(1+2m)}{\Gamma\left(\frac{1}{2}+m-k\right)} \sum_{n=1}^{\infty} \frac{\Gamma\left(\frac{1}{2}+m-k+n\right)}{n!\ \Gamma(1+2m+n)} (\varOmega y_1^2)^n \right]$$

$$(4-47)$$

$$M_{k,-m}(x) = \mathrm{e}^{-\frac{\varOmega y_1^2}{2}} y_1^{1-2m} \varOmega^{\frac{1}{2}-m} \left[1 + \frac{\Gamma(1-2m)}{\Gamma\left(\frac{1}{2}-m-k\right)} \sum_{n=1}^{\infty} \frac{\Gamma\left(\frac{1}{2}-m-k+n\right)}{n!\ \Gamma(1-2m+n)} (\varOmega y_1^2)^n \right]$$

$$(4-48)$$

将式(4-47)和式(4-48)代入式(4-46)，可得

$$Y = C\mathrm{e}^{-\frac{\varOmega y_1^2}{2}} \left[1 + \frac{\Gamma(1-2m)}{\Gamma\left(\frac{1}{2}-m-k\right)} \sum_{n=1}^{\infty} \frac{\Gamma\left(\frac{1}{2}-m-k+n\right)}{n!\ \Gamma(1-2m+n)} (\varOmega y_1^2)^n \right] +$$

$$C_3 y_1 \mathrm{e}^{-\frac{\varOmega y_1^2}{2}} \left[1 + \frac{\Gamma(1+2m)}{\Gamma\left(\frac{1}{2}+m-k\right)} \sum_{n=1}^{\infty} \frac{\Gamma\left(\frac{1}{2}+m-k+n\right)}{n!\ \Gamma(1+2m+n)} (\varOmega y_1^2)^n \right] \quad (4-49)$$

根据式(4-7)，可得

$$m = -\frac{1}{4},\ C_3 = 0 \tag{4-50}$$

所以本征函数 Y 为

$$Y = C\mathrm{e}^{-\frac{\varOmega y_1^2}{2}} \mathrm{F}\left(\frac{1}{4}-k,\ \frac{1}{2},\ \varOmega y_1^2\right)$$

$$= C\mathrm{e}^{-\frac{\varOmega y_1^2}{2}} \left[1 + \frac{\Gamma\left(\frac{1}{2}\right)}{\Gamma\left(\frac{1}{4}-k\right)} \sum_{n=1}^{\infty} \frac{\Gamma\left(\frac{1}{4}-k+n\right)}{n!\ \Gamma\left(1-\frac{1}{2}+n\right)} (\varOmega y_1^2)^n \right] \tag{4-51}$$

本征函数 Y 的一阶导数为

$$\frac{\mathrm{d}Y}{\mathrm{d}y_1} = -C\varOmega y_1 \mathrm{e}^{-\frac{\varOmega y_1^2}{2}} \mathrm{F}\left(\frac{1}{4}-k,\ \frac{1}{2},\ \varOmega y_1^2\right) +$$

$$\frac{\frac{1}{4}-k}{\frac{1}{2}} 2\varOmega y_1 C\mathrm{e}^{-\frac{\varOmega y_1^2}{2}} \mathrm{F}\left(\frac{1}{4}-k+1,\ \frac{1}{2}+1,\ \varOmega y_1^2\right) \tag{4-52}$$

式(4-36)的解为

$$T_1 = D + \frac{\mu w_{\mathrm{m}}^2}{\lambda} \sum_{j=1}^{\infty} C_j Y_j(y_1) \mathrm{e}^{-\beta_j z_1} \tag{4-53}$$

下面确定常数 D。将式(4-53)和式(4-21)代入式(4-12)中，得到

$$T = T_{\mathrm{w}} + \mu \frac{12 \times 9 w_{\mathrm{m}}^2}{\lambda (1+3l_{\mathrm{s}}/b)^2} \left(1 - \frac{y^4}{b^4} + \frac{4l_T}{b}\right) + D + \frac{\mu w_{\mathrm{m}}^2}{\lambda} \sum_{j=1}^{\infty} C_j Y_j(y_1) \mathrm{e}^{-\beta_j z_1} \quad (4-54)$$

当 $z \to \infty$ 时，$z_1 \to \infty$，流体温度 T_∞ 趋于壁面温度 T_w，因此由式(4-54)可得 $D=0$。此时能量方程的齐次解为

$$T_1 = \frac{\mu w_m^2}{\lambda} \sum_{j=1}^{\infty} C_j Y_j(y_1) e^{-\beta_j z_1} \tag{4-55}$$

其中，

$$\Omega_j = \sqrt{\frac{\beta_j^2}{1+3\dfrac{l_s}{b}}} \tag{4-56}$$

$$k_j = \frac{\dfrac{1+2\dfrac{l_s}{b}}{1+3\dfrac{l_s}{b}}\beta_j^2 + \dfrac{9\beta_j^4}{64Pe^2}}{4\Omega_j} \tag{4-57}$$

$$Y_j = e^{-\frac{\Omega_j y_1^2}{2}} F\left(\frac{1}{4}-k_j,\ \frac{1}{2},\ \Omega_j y_1^2\right)$$

$$= e^{-\frac{\Omega_j y_1^2}{2}}\left[1 + \frac{\Gamma\left(\dfrac{1}{2}\right)}{\Gamma\left(\dfrac{1}{4}-k_j\right)}\sum_{n=1}^{\infty}\frac{\Gamma\left(\dfrac{1}{4}-k_j+n\right)}{n!\ \Gamma\left(\dfrac{1}{2}+n\right)}(\Omega_j y_1^2)^n\right] \tag{4-58}$$

在流体的温度表达式中，C_j 和 β_j 都为未知参数，需要通过边界条件进行求解。若忽视黏性耗散对换热的影响，则流体温度的表达式退化为

$$T_1 = \sum_{j=1}^{\infty} C_j Y_j(y_1) e^{-\beta_j z_1} \tag{4-59}$$

4.2.3　平均温度

1. 考虑黏性耗散时的平均温度

根据流体截面平均温度的定义[100]，流体的平均温度可表示为

$$T_m(z_1) = \frac{\displaystyle\int_A c_p \rho T w \, dA}{\displaystyle\int_A c_p \rho w \, dA} = \frac{\displaystyle\int_0^1 \frac{3\left[\left(1+\dfrac{2l_s}{b}\right)-y_1^2\right]}{2\left(1+\dfrac{3l_s}{b}\right)}(T_1(y_1, z_1)+T_\infty)b\,dy_1}{bw_m}$$

$$= T_w + \frac{\mu w_m^2}{\lambda}\xi_1 + \frac{\mu w_m^2}{\lambda}\xi_2 \tag{4-60}$$

其中，

$$\xi_1 = \int_0^1 \frac{3\left[\left(1+\dfrac{2l_s}{b}\right)-y_1^2\right]}{2\left(1+\dfrac{3l_s}{b}\right)}\sum_{j=1}^{\infty} C_j Y_j(y_1) Z_j(z_1)\,dy_1 \tag{4-61}$$

$$\xi_2 = \int_0^1 \frac{3\left[\left(1+\dfrac{2l_s}{b}\right)-y_1^2\right]}{2\left(1+\dfrac{3l_s}{b}\right)} \frac{12 \times 9}{(1+3l_s/b)^2}\left(1-y_1^4+\frac{4l_T}{y_1}\right)\mathrm{d}y_1 \tag{4-62}$$

2. 不考虑黏性耗散时的平均温度

若忽视黏性耗散，由式（4-21）可得 $T_\infty = T_w$，则流体的平均温度可表示为

$$
\begin{aligned}
T_m(z_1) &= \frac{\displaystyle\int_A c_p \rho T w \,\mathrm{d}A}{\displaystyle\int_A c_p \rho w \,\mathrm{d}A} \\[2ex]
&= \frac{\displaystyle\int_0^1 \frac{3\left[\left(1+\dfrac{2l_s}{b}\right)-y_1^2\right]}{2\left(1+\dfrac{3l_s}{b}\right)}(T_1(y_1,z_1)+T_w)b\,\mathrm{d}y_1}{bw_m} \\[2ex]
&= T_w + \int_0^1 \frac{3\left[\left(1+\dfrac{2l_s}{b}\right)-y_1^2\right]}{2\left(1+\dfrac{3l_s}{b}\right)}\sum_{j=1}^{\infty}C_j Y_j(y_1)\mathrm{e}^{-\beta_j z_1}\,\mathrm{d}y_1
\end{aligned}
\tag{4-63}
$$

4.2.4　本征值的求解

根据流体温度跳跃边界条件假设，流体温度在流固交界面处有一个跳跃，即

$$T\big|_{y=b}-T_w = -l_T\frac{\partial T}{\partial y}\bigg|_{y=b} = -\frac{l_T}{b}\frac{\partial T}{\partial y_1}\bigg|_{y_1=1} \tag{4-64}$$

将流体温度场表达式（式（4-12））代入式（4-64），得到

$$
\begin{aligned}
&T_w + \mu\frac{12\times 9 w_m^2}{\lambda(1+3l_s/b)^2}\left(1-y_1^4\big|_{y_1=1}+\frac{4l_T}{b}\right)+\frac{\mu w_m^2}{\lambda}\sum_{j=1}^{\infty}C_j Y_j \mathrm{e}^{-\beta_j z_1}-T_w \\[2ex]
&= -\frac{l_T}{b}\frac{\mu w_m^2}{\lambda}\left(\frac{-4\times 12\times 9}{(1+3l_s/b)^2}\right)y_1^3\big|_{y_1=1}+\sum_{j=1}^{\infty}C_j\frac{\mathrm{d}Y_j}{\mathrm{d}y_1}\bigg|_{y_1=1}\mathrm{e}^{-\beta_j z_1}
\end{aligned}
\tag{4-65}
$$

整理得到

$$\frac{12\times 9}{\lambda(1+3l_s/b)^2}\frac{4l_T}{b}+\sum_{j=1}^{\infty}C_j Y_j \mathrm{e}^{-\beta_j z_1}=-\frac{l_T}{b}\frac{\mu w_m^2}{\lambda}\left(\frac{-4\times 12\times 9}{(1+3l_s/b)^2}y_1^3\big|_{y_1=1}+\sum_{j=1}^{\infty}C_j\frac{\mathrm{d}Y_j}{\mathrm{d}y_1}\bigg|_{y_1=1}\mathrm{e}^{-\beta_j z_1}\right) \tag{4-66}$$

因为 $\dfrac{\mu w_m^2}{\lambda}$ 和 $\mathrm{e}^{-\beta_j z_1}$ 均不为零，所以

$$Y_j + \frac{l_T}{b}\frac{\mathrm{d}Y_j}{\mathrm{d}y_1}\bigg|_{y_1=1}=0 \tag{4-67}$$

将式（4-58）代入式（4-67）得到

$$\left(1-\frac{l_T}{b}\Omega_j y_1\right)\mathrm{F}\left(\frac{1}{4}-k_j,\frac{1}{2},\Omega_j y_1^2\right)+2\Omega_j\frac{l_T}{b}y_1\frac{\left(\dfrac{1}{4}-k_j\right)}{\dfrac{1}{2}}\mathrm{F}\left(\frac{1}{4}-k_j+1,\frac{1}{2},\Omega_j y_1^2\right)=0$$

$$\tag{4-68}$$

式(4-56)和式(4-57)中，Ω_j 和 k_j 都是 β_j 的一元函数，式(4-68)是关于 β_j 的非线性方程，通过 Matlab 进行数值仿真可得到本征值 β_j。取 $l_T = 0$，$l_s = 0$，仿真结果如表 4.1 所示（取前 9 个本征值）。

表 4.1　前 9 个本征值 β_j

j	$\beta_j\,(l_s=0,\ l_T=0)$		
	$Pe = 10^6$	$Pe = 10$	$Pe = 25$
1	1.6816	1.6668	1.681
2	5.6699	5.5044	5.641
3	9.668	8.9335	9.5213
4	13.6680	11.9200	13.2600
5	17.6670	14.5400	16.8260
6	21.6670	16.8760	20.2050
7	25.6670	18.9940	23.4000
8	29.6670	20.9400	26.4210
9	33.6670	22.7460	29.2830

4.2.5　对温度跳跃系数的探讨

微通道入口处流体温度在壁面处存在跳跃现象。假设入口处流体温度均匀，流体温度为 T_e，壁面温度为 T_w，$T(y_1, 0)$ 为入口处($z_1 = 0$)的流体温度。

根据温度跳跃假设，$T(y_1, 0)$ 与 y_1 存在以下关系：

$$T(y_1, 0) = \begin{cases} T_e & (0 < y_1 < 1) \\ T_w & (y_1 = 1) \end{cases} \tag{4-69}$$

为了对温度跳跃现象进行模拟，这里利用傅里叶级数有限项展开的方法构造入口处流体的分布函数，即

$$T(y_1, 0) = T_w + T_e\left[\frac{\pi}{2} - \left(\frac{1}{2} + y_T\right)\right] \tag{4-70}$$

式中

$$y_T = \begin{cases} \dfrac{\pi - 1}{2} & (\,|\,y_1\,| < 1) \\ -\dfrac{1}{2} & (1 < |\,y_1\,| < \pi) \end{cases} \tag{4-71}$$

根据式(4-70)和式(4-71)，可得

$$\begin{aligned} T(y_1, 0) &= T_w + (T_w - T_e)\left(\eta\,\frac{2}{\pi}\left(\frac{\pi - 1}{2} - \sum_{n=1}^{\infty}\frac{1}{n}\sin n\cos(ny_1)\right) - 1\right) \\ &= T_w + (T_w - T_e)\,\Re \end{aligned} \tag{4-72}$$

其中

$$\Re = \eta \frac{2}{\pi}\left(\frac{\pi-1}{2} - \sum_{n=1}^{\infty}\frac{1}{n}\sin n \cos(ny_1)\right) - 1 \tag{4-73}$$

下面通过实例对式（4-72）进行验证。仿真参数如表 4.2 所示，仿真结果如图 4.2 所示。

表 4.2　入口处流体温度仿真参数

n	$T_w/℃$	$T_e/℃$	η	$T(y_1, 0)/℃$
401	60	30	0.8	54
401	60	30	1	60

由图 4.2 可看出，式（4-72）可以很好地模拟温度跳跃现象。首先，式（4-72）能够描述流体温度和壁面温度的跳跃现象。图 4.2(a)为考虑温度跳跃时入口处的流体温度分布。当 $\eta=0.8$ 时，在壁面处（$y_1=1$），流体的温度 $T=54℃$，而壁面温度 $T_w=60℃$，存在温度跳跃现象。图 4.2(b)为不考虑温度跳跃时入口处的流体温度分布，可以看出，当 $\eta=1$，在壁面处（$y_1=1$），流体的温度 $T=60℃$，流体温度和壁面温度完全相同。其次，式（4-72）通过取不同的 η，可以模拟不同程度的温度跳跃现象。其中，$0<\eta<1$ 表示有温度跳跃边界条件，$\eta=1$ 表示无温度跳跃边界条件。

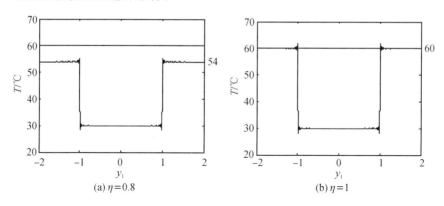

图 4.2　入口处的流体温度分布

将入口处流体温度分布（式（4-72））代入温度跳跃边界条件（式（4-8）），得到

$$T_w - T_w - (T_w - T_e)\left[\eta \frac{2}{\pi}\left(\frac{\pi-1}{2} - \sum_{n=1}^{\infty}\frac{1}{n}\sin n \cos(ny_1)\right) - 1\right]$$

$$= (T_w - T_e)l_T\eta \frac{2}{\pi}\sum_{n=1}^{\infty}\frac{1}{n}\sin^2 n \tag{4-74}$$

整理式（4-74），可得

$$l_T = b\frac{T_1\big|_{y_1=1} - T_w}{-\dfrac{\partial T_1}{\partial y_1}\bigg|_{y_1=1}} = b\frac{\eta \dfrac{2}{\pi}\left(\dfrac{\pi-1}{2} - \sum_{n=1}^{\infty}\dfrac{1}{n}\sin n \cos n\right) - 1}{-\eta \dfrac{2}{\pi}\sum_{n=1}^{\infty}\sin^2 n} \tag{4-75}$$

显然，实际应用中应该取有限级数项，即 $n\neq\infty$，否则退化为 $l_T=0$ 的无跳跃边界条

件。本书在对称热边界条件下仿真缝隙微通道的数值计算时，采用式(4-75)得到温度跳跃系数，仿真时取 $\eta=0.8$。

根据式(4-75)得到温度跳跃系数，将其代入式(4-68)，可得到本征值，如表4.3所示。

表 4.3　前 9 个本征值 β_j

j	$\beta_j(Pe=10^6)$		
	$l_s=0$ $l_T=0$	$l_s/R_0=0.16$ $l_T/R_0=0.2621$	$l_s/R_0=0.24$ $l_T/R_0=0.3875$
1	1.6816	1.4333	1.3393
2	5.6699	5.0106	4.7987
3	9.6682	8.6903	8.4367
4	13.6680	12.4320	12.1700
5	17.6670	16.2170	15.9560
6	21.6670	20.0310	19.7720
7	25.6670	23.8640	23.6070
8	29.6670	27.7120	27.4540
9	33.6670	31.5700	31.3100

4.2.6　待定系数 C_j 的求解

1. 考虑黏性耗散

若入口处流体温度 $T(y_1,0)$(式(4-72))等于 $z=0$ 时流体温度(式(4-21))，可得

$$T(y_1,0)=T_w+(T_w-T_e)\Re$$

$$=T_w+\mu\frac{12\times9w_m^2}{\lambda(1+3l_s/b)^2}\left(1-\frac{y^4}{b^4}+\frac{4l_T}{b}\right)+\frac{\mu w_m^2}{\lambda}\sum_{j=1}^{\infty}C_jY_j(y_1) \quad (4-76)$$

其中 C_j 为一组待定系数($j=1,2,\cdots,n$)，可通过本征函数 $Y_i(i=1,2,\cdots,n)$ 的加权正交性确定。

根据文献[102]给出的斯特姆-刘维尔本征问题，本征函数 $Y_j(y_1)$ 存在加权正交关系，即

$$\int_0^1 G(y_1)Y_i(y_1)Y_j(y_1)\mathrm{d}y_1=N_j^2\delta \quad (4-77)$$

其中

$$G(y_1)=\frac{\left(1+\dfrac{2l_s}{b}\right)-y_1^2}{\left(1+\dfrac{3l_s}{b}\right)}+\frac{9\beta^2}{64Pe^2} \quad (4-78)$$

$$\delta = \begin{cases} 1 & (i = j) \\ 0 & (i \neq j) \end{cases} \tag{4-79}$$

对式(4-76)进行整理，得到

$$-\frac{\Re}{Br} - \frac{12 \times 9}{(1 + 3l_s/b)^2}\left(1 - \frac{y^4}{b^4} + \frac{4l_T}{b}\right) = \sum_{j=1}^{\infty} C_j Y_j(y_1) \tag{4-80}$$

其中

$$Br = \frac{\mu w_m^2}{\lambda(T_e - t_w)} \tag{4-81}$$

式(4-80)的两侧同乘以 $G(y_1)Y_i(y_1)$，可得

$$-\frac{\Re}{Br}G(y_1)Y_{1i}(y_1) - \frac{12 \times 9}{(1 + 3l_s/b)^2}\left(1 - \frac{y^4}{b^4} + \frac{4l_T}{b}\right)G(y_1)Y_i(y_1) = \sum_{j=1}^{\infty} C_j G(y_1)Y_j(y_1)Y_i(y_1) \tag{4-82}$$

经过整理得到

$$C_j = -\frac{1}{N_n^2}\int_0^1 G(y_1)Y_j(y_1)\left(\frac{\Re}{Br} + \Lambda\right)\mathrm{d}y_1 \tag{4-83}$$

其中

$$\Lambda = \frac{12 \times 9}{(1 + 3l_s/b)^2}\left(1 - y_1^4 + \frac{4l_T}{b}\right) \tag{4-84}$$

式(4-83)可以适应不同的边界条件，令 $\eta = 1$，$T(y_1, 0) = T_e$，$\Re = -1$，C_j 就可以退化为入口处流体温度为均匀分布的待定系数。

2. 不考虑黏性耗散对换热的影响

假设在入口处($z = 0$)，流体温度为 $T(y_1, 0) = T_e$，可得

$$T(y_1, 0) = T_e = T_w + \sum_{j=1}^{\infty} C_j Y_j(y_1) \tag{4-85}$$

同上所述，利用本征函数的加权正交性，可得待定系数为

$$C_j = \frac{1}{N_j^2}\int_0^1 (T_e - T_w)G(y_1)Y_j(y_1)\mathrm{d}y_1 \tag{4-86}$$

如果入口处流体温度为平均温度 T_{m1}，则令 $T(y_1, 0) = T_{m1}$，可得

$$T_{m1} - T_w = \int_0^1 \frac{3\left[\left(1 + \frac{2l_s}{b}\right) - y_1^2\right]}{2\left(1 + \frac{3l_s}{b}\right)}\sum_{j=1}^{\infty} C_j Y_j(y_1)\mathrm{d}y_1 \tag{4-87}$$

利用本征函数的加权正交性，可得

$$C_j = \frac{\displaystyle\int_0^1 (T_{m1} - T_w)G(y_1)Y_j(y_1)\mathrm{d}y_1}{N_j^2\displaystyle\int_0^1 \frac{3\left[\left(1 + \frac{2l_s}{b}\right) - y_1^2\right]}{2\left(1 + \frac{3l_s}{b}\right)}\mathrm{d}y_1} \tag{4-88}$$

针对式(4-86)进行仿真，得到的待定系数如表 4.4 所示。

表 4.4 前 9 个本征值 C_j

j	$C_j (Pe=10^6)$		
	$l_s=0$ $l_T=0$	$l_s/R_0=0.16$ $l_T/R_0=0.2621$	$l_s/R_0=0.24$ $l_T/R_0=0.3875$
1	-48.0330	-47.0990	-46.4850
2	11.9670	10.1190	8.9853
3	-6.4330	-4.6777	-3.7738
4	4.2980	2.6951	2.0264
5	-3.1854	-1.7426	-1.2490
6	2.5108	1.2129	0.8408
7	-2.0607	-0.8872	-0.6010
8	1.7404	0.6762	0.4495
9	-1.5017	-0.5309	-0.3496

4.2.7 换热特性的评价

1. 热流密度

考虑黏性耗散时，流固交界面处($y=b$)的对流换热量等于壁面流体层的热传导热量，将傅里叶定律应用到壁面流体层，则流体热流密度可以表示为

$$q=\lambda\frac{\partial T}{\partial y}\bigg|_{y=b}=-\frac{12\times9\times4\mu w_{\mathrm{m}}^2}{(1+3l_s/b)^2b}+\frac{\mu w_{\mathrm{m}}^2}{b}\sum_{j=1}^{\infty}C_jZ_j(z_1)\frac{\mathrm{d}Y_j(y_1)}{\mathrm{d}y_1}\bigg|_{y_1=1} \quad (4-89)$$

不考虑黏性耗散时，热流密度如下：

$$q=\lambda\frac{\partial T}{\partial y}\bigg|_{y=b}=\frac{\lambda}{b}\sum_{j=1}^{\infty}C_jZ_j(z_1)\frac{\mathrm{d}Y_j(y_1)}{\mathrm{d}y_1}\bigg|_{y_1=1} \quad (4-90)$$

2. 努塞尔数

考虑黏性耗散时，根据对流换热系数的定义[100]，缝隙微通道的局部对流换热系数为

$$h(z_1)=\frac{q_{\mathrm{w}}}{T_{\mathrm{w}}-T_{\mathrm{m}}}$$

$$=\frac{\dfrac{12\times9\times4\mu w_{\mathrm{m}}^2}{(1+3l_s/b)^2b}-\dfrac{\mu w_{\mathrm{m}}^2}{b}\sum_{j=1}^{\infty}C_jZ_j(z_1)\dfrac{\mathrm{d}Y_j(y_1)}{\mathrm{d}y_1}\bigg|_{y_1=1}}{\dfrac{\mu w_{\mathrm{m}}^2}{\lambda}\xi_1+\dfrac{\mu w_{\mathrm{m}}^2}{\lambda}\xi_2} \quad (4-91)$$

根据定义，缝隙微通道的当量直径为 $4b$，缝隙微通道的努塞尔数可表示为

$$Nu(z_1)=\frac{4b}{\lambda}h(z_1)=4\frac{\dfrac{12\times9\times4}{(1+3l_s/b)^2}-\sum_{j=1}^{\infty}C_jZ_j(z_1)\dfrac{\mathrm{d}Y_j(y_1)}{\mathrm{d}y_1}\bigg|_{y_1=1}}{\xi_1+\xi_2} \quad (4-92)$$

不考虑黏性耗散时，根据平均温度计算式(式(4-63))、热流密度表达式(式(4-90))及局部对流换热系数的定义[100]，得到

$$h(z_1) = \frac{q_w}{T_w - T_m}$$

$$= \frac{\dfrac{\lambda}{b} \displaystyle\sum_{j=1}^{\infty} C_j Z_j(z_1) \dfrac{\mathrm{d}Y_j(y_1)}{\mathrm{d}y_1}\Big|_{y_1=1}}{\displaystyle\int_0^1 \dfrac{3\left[\left(1+\dfrac{2l_s}{b}\right)-y_1^2\right]}{2\left(1+\dfrac{3l_s}{b}\right)} \displaystyle\sum_{j=1}^{\infty} C_j Y_j(y_1)\mathrm{e}^{-\beta_j z_1}\,\mathrm{d}y_1} \tag{4-93}$$

将式(4-93)代入努塞尔数的定义式，得到

$$Nu(z_1) = \frac{4b}{\lambda}h(z_1) = \frac{-4\displaystyle\sum_{j=1}^{\infty} C_j Z_j(z_1) \dfrac{\mathrm{d}Y_j(y_1)}{\mathrm{d}y_1}\Big|_{y_1=1}}{\displaystyle\int_0^1 \dfrac{3\left[\left(1+\dfrac{2l_s}{b}\right)-y_1^2\right]}{2\left(1+\dfrac{3l_s}{b}\right)} \displaystyle\sum_{j=1}^{\infty} C_j Y_j(y_1)\mathrm{e}^{-\beta_j z_1}\,\mathrm{d}y_1} \tag{4-94}$$

4.3　缝隙微通道非对称热边界条件

非对称的缝隙微通道的基本结构如图 4.3 所示，其中，T_{+w} 为上壁面的温度，T_{-w} 为下壁面的温度。上、下壁面的温度为常数，但不相同。不考虑黏性耗散时，能量方程由式(4-1)退化为

$$w\frac{\partial T}{\partial z} = \frac{\lambda}{\rho c_p}\left(\frac{\partial^2 T}{\partial y^2} + \frac{\partial^2 T}{\partial z^2}\right) \tag{4-95}$$

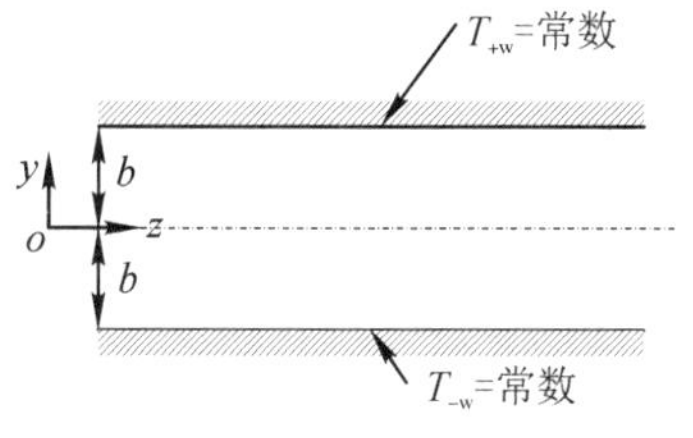

图 4.3　缝隙微通道非对称热边界示意图

根据 4.2.2 节的求解过程，可得式(4-95)的解为

$$T = Ey_1 + D + \alpha \tag{4-96}$$

其中

$$\alpha = \sum_{j=1}^{\infty}\left[C_{1j}Y_{1j}(y_1)Z_{1j}(z_1) + C_j Y_j(y_1)Z_j(z_1)\right] \tag{4-97}$$

$$Y_{1j}(y_1) = \mathrm{e}^{-\frac{\Omega_{1j}y_1^2}{2}} y_1 \mathrm{F}\left(\frac{3}{4} - k_{1j},\ \frac{3}{2},\ \Omega_{1j}y_1^2\right) \tag{4-98}$$

$$Y_j(y_1) = e^{-\frac{\Omega_j y_1^2}{2}} F\left(\frac{1}{4} - k_j, \frac{1}{2}, \Omega_j y_1^2\right) \tag{4-99}$$

$$\Omega_{1j} = \sqrt{\frac{\beta_{1j}^2}{1 + 3\dfrac{l_s}{b}}} \tag{4-100}$$

$$\Omega_j = \sqrt{\frac{\beta_j^2}{1 + 3\dfrac{l_s}{b}}} \tag{4-101}$$

$$k_{1j} = \frac{\dfrac{1 + 2\dfrac{l_s}{b}}{1 + 3\dfrac{l_s}{b}}\beta_{1j}^2 + \dfrac{9\beta_{1j}^4}{64Pe^2}}{4\Omega_{1j}} \tag{4-102}$$

$$k_j = \frac{\dfrac{1 + 2\dfrac{l_s}{b}}{1 + 3\dfrac{l_s}{b}}\beta_j^2 + \dfrac{9\beta_j^4}{64Pe^2}}{4\Omega_j} \tag{4-103}$$

$$Z_{1j}(z_1) = e^{-\beta_{1j}z_1} \tag{4-104}$$

$$Z_j(z_1) = e^{-\beta_j z_1} \tag{4-105}$$

式中，E、D、C_{1j} 和 C_j 为待定系数，β_{1j} 和 β_j 为本征值，$Y_{1j}(y_1)$ 和 $Y_j(y_1)$ 为本征函数。

1. E 和 D 的确定

当 $z \to \infty$ 时，沿流动方向的换热过程消失，故有

$$Ey_1\big|_{y_1 = \pm 1} + D = T_{\pm w} \tag{4-106}$$

可解得

$$D = \frac{T_{+w} + T_{-w}}{2} \tag{4-107}$$

$$E = \frac{T_{+w} - T_{-w}}{2} \tag{4-108}$$

假定入口处温度分布为均匀分布，可得

$$T(y_1, 0) = \sum_{j=1}^{\infty} \left[C_{1j}Y_{1j}(y_1) + C_j Y_j(y_1)\right] + Ey_1 + D \tag{4-109}$$

2. 本征值的求解

根据 4.1 节流体温度跳跃边界条件假设，流体温度在缝隙微通道的上、下壁面处有一个跳跃，假设上、下壁面处的温度跳跃系数相同，其值为 l_T，可得

$$T\big|_{y=b} - T_{+w} = -l_{T,+w}\frac{\partial T}{\partial y}\bigg|_{y=b} = -\frac{l_{T,+w}}{b}\frac{\partial T}{\partial y_1}\bigg|_{y_1=1} = -\frac{l_T}{b}\frac{\partial T}{\partial y_1}\bigg|_{y_1=1} \tag{4-110}$$

$$T\big|_{y=-b} - T_{-w} = l_{T,-w}\frac{\partial T}{\partial y}\bigg|_{y=-b} = \frac{l_{T,-w}}{b}\frac{\partial T}{\partial y_1}\bigg|_{y_1=-1} = \frac{l_T}{b}\frac{\partial T}{\partial y_1}\bigg|_{y_1=-1} \tag{4-111}$$

将式(4-96)代入式(4-110)，得到

$$E + D + \sum_{j=1}^{\infty}\left[C_{1j}Y_{1j}(1)Z_{1j}(z_1) + C_j Y_j(1)Z_j(z_1)\right] - T_{+w}$$

$$= -\frac{l_T}{b}\left[E + C_{1j}\frac{\partial Y_{1j}(y_1)}{\partial y_1}\bigg|_{y=1}Z_{1j}(z_1) + C_j\frac{\partial Y_j(y_1)}{\partial y_1}\bigg|_{y=1}Z_j(z_1)\right] \quad (4-112)$$

将式(4-96)代入式(4-111)，得到

$$-E + D + \sum_{j=1}^{\infty}\left[C_{1j}Y_{1j}(-1)Z_{1j}(z_1) + C_j Y_j(-1)Z_j(z_1)\right] - T_{-w}$$

$$= \frac{l_T}{b}\left[E + C_{1j}\frac{\partial Y_{1j}(y_1)}{\partial y_1}\bigg|_{y=-1}Z_{1j}(z_1) + C_j\frac{\partial Y_j(y_1)}{\partial y_1}\bigg|_{y=-1}Z_j(z_1)\right] \quad (4-113)$$

将式(4-98)和式(4-99)代入式(4-112)，得到

$$\sum_{j=1}^{\infty}\left[C_{1j}Y_{1j}(1)Z_{1j}(z_1) + C_j Y_j(1)Z_j(z_1)\right]$$

$$= -\frac{l_T}{b}\left[\frac{T_{+w} - T_{-w}}{2} + C_{1j}\frac{\partial Y_{1j}(y_1)}{\partial y_1}\bigg|_{y=1}Z_{1j}(z_1) + C_j\frac{\partial Y_j(y_1)}{\partial y_1}\bigg|_{y=1}Z_j(z_1)\right]$$

$$(4-114)$$

将式(4-98)和式(4-99)代入式(4-113)，得到

$$\sum_{j=1}^{\infty}\left[C_{1j}Y_{1j}(-1)Z_{1j}(z_1) + C_j Y_j(-1)Z_j(z_1)\right]$$

$$= \frac{l_T}{b}\left[\frac{T_{+w} - T_{-w}}{2} + C_{1j}\frac{\partial Y_{1j}(y_1)}{\partial y_1}\bigg|_{y=-1}Z_{1j}(z_1) + C_j\frac{\partial Y_j(y_1)}{\partial y_1}\bigg|_{y=-1}Z_j(z_1)\right]$$

$$(4-115)$$

根据式(4-98)和式(4-99)可知，$Y_{1j}(y_1)$的一阶导数及$Y_j(y_1)$为奇函数，$Y_{1j}(y_1)$的一阶导数及$Y_j(y_1)$为偶函数，将式(4-114)和式(4-115)相加，得到

$$Y_j + \frac{l_T}{b}\frac{\mathrm{d}Y_j}{\mathrm{d}y_1}\bigg|_{y_1=1} = \left(1 - \frac{l_T}{b}\Omega_j y_1\right)Y_j$$

$$+ 2\frac{l_T}{b}\Omega_j y_1 \frac{\left(\frac{1}{4} - k_j\right)}{\frac{1}{2}}F\left(\frac{1}{4} - k_j + 1, \frac{1}{2} + 1, \Omega_j y_1^2\right) = 0 \quad (4-116)$$

将式(4-114)和式(4-115)相减，得到

$$Y_{1j} + \frac{l_T}{b}\frac{\mathrm{d}Y_{1j}}{\mathrm{d}y_1}\bigg|_{y_1=1}$$

$$= \left[-\Omega_{1j}y_1^2 l_T + y_1 + \frac{l_T}{b}\right]F\left(\frac{3}{4} - k_j, \frac{3}{2}, \Omega_{1j}y_1^2\right)$$

$$+ 2\Omega_{1j}\frac{l_T}{b}y^2 \frac{\left(\frac{3}{4} - k_j\right)}{\frac{3}{2}}F\left(\frac{3}{4} - k_j + 1, \frac{3}{2} + 1, \Omega_{1j}y_1^2\right) = 0 \quad (4-117)$$

根据式(4-101)和式(4-103)，Ω_j 和 k_j 都是与 β_j 的一元函数，所以式(4-116)是关

于 β_j 的非线性方程，通过 Matlab 进行数值仿真可得到本征值 β_j。仿真时流体选为空气，仿真参数为[95]：根据滑移区的假设，$0.001 < Kn < 0.1$，$Pr = 0.7$，$\gamma = 1.4$。仿真结果如表 4.5 所示(取前 9 个本征值)。

表 4.5　前 9 个本征值 β_j

j	$\beta_j(Pe = 10^6)$		
	$Kn = 0$	$Kn = 0.04$	$Kn = 0.06$
1	1.6816	1.4290	1.3298
2	5.6699	5.0031	4.7842
3	9.6682	8.6821	8.4233
4	13.6680	12.1580	12.1580
5	17.6670	16.2100	15.9460
6	21.6670	20.0240	19.7640
7	25.6670	23.8580	23.6000
8	29.6670	27.7070	27.4480
9	33.6670	31.5650	31.3050

因为 Ω_{1j} 表达式(式(4-100))和 k_{1j} 的表达式(式(4-102))都是与 β_{1j} 的一元函数，所以式(4-117)是关于 β_{1j} 的一元函数求根方程。通过 Matlab 进行数值仿真可得到本征值 β_{1j}。求解得到的本征值 β_{1j} 如表 4.6 所示(取前 9 个本征值)。本征函数 Y_{1j} 和 Y_j 在 $y_1 = 1$ 和 $y_1 = -1$ 处的一阶导数如表 4.7 所示。

表 4.6　前 9 个本征值 β_{1j}

j	$\beta_{1j}(Pe = 10^6)$		
	$Kn = 0$	$Kn = 0.04$	$Kn = 0.06$
1	3.6723	3.1975	3.0246
2	7.6688	6.8330	6.5877
3	11.6680	10.5470	10.2820
4	15.6670	14.3130	14.0470
5	19.6670	18.1140	17.8520
6	23.6670	21.9390	21.6800
7	27.6670	25.7810	25.5230
8	31.6670	29.6350	29.3760
9	35.6670	33.4970	33.2350

表 4.7　本征函数一阶导数

j	$\mathrm{d}Y_j/\mathrm{d}y_1$ $(y_1=1)$	$\mathrm{d}Y_{1j}/\mathrm{d}y_1$ $(y_1=1)$	$\mathrm{d}Y_j/\mathrm{d}y_1$ $(y_1=-1)$	$\mathrm{d}Y_{1j}/\mathrm{d}y_1$ $(y_1=-1)$
		$Kn=0$		
1	-0.7145	-1.4292	0.7145	1.4292
2	0.6345	3.8072	-0.6345	-3.8072
3	-0.5921	-5.9201	0.5923	5.9201
4	0.5636	7.8939	-0.5623	-7.8939
5	-0.5428	-9.7692	0.5420	9.7692
6	0.5263	11.5790	-0.5259	-11.5790
7	-0.5128	-13.3330	0.5126	13.3330
8	0.5014	15.0430	-0.5015	-15.0430
9	-0.4916	-16.7140	0.4918	16.7140

3. 待定系数 C_j 和 C_{1j} 的求解

式(4-109)两端同乘 $G(y_1)Y_j(y_1)$，可得

$$\begin{bmatrix} A_{21} & 0 & \cdots & 0 & 0 \\ 0 & A_{22} & \cdots & 0 & 0 \\ \vdots & 0 & A_{2j} & 0 & 0 \\ 0 & 0 & 0 & \cdots & 0 \\ 0 & 0 & 0 & 0 & A_{29} \end{bmatrix} \begin{bmatrix} C_{21} \\ \vdots \\ C_{2j} \\ \vdots \\ C_{29} \end{bmatrix} = \begin{bmatrix} B_{21} \\ \vdots \\ B_{2j} \\ \vdots \\ B_{29} \end{bmatrix} \tag{4-118}$$

其中

$$A_{2j} = \int_{-1}^{1} G(y_1)Y_j(y_1)Y_j(y_1)\mathrm{d}y_1 \tag{4-119}$$

$$B_{2j} = \int_{-1}^{1} (T_e - Ey_1 - D)G(y_1)Y_j(y_1)\mathrm{d}y_1 \tag{4-120}$$

本征函数 $Y_{1j}(y_1)$ 不正交，在式(4-109)的两端同乘 $Y_{1j}(y_1)$，可以得到

$$\begin{bmatrix} A_{11} & A_{12} & \cdots & & A_{19} \\ \vdots & \vdots & & & \vdots \\ A_{i1} & A_{i2} & \cdots & A_{ij} & \cdots & A_{i9} \\ \vdots & \vdots & & & \vdots \\ A_{91} & A_{92} & \cdots & & A_{99} \end{bmatrix} \begin{bmatrix} C_{11} \\ \vdots \\ C_{ii} \\ \vdots \\ C_{19} \end{bmatrix} = \begin{bmatrix} B_{11} \\ \vdots \\ B_{1i} \\ \vdots \\ B_{19} \end{bmatrix} \tag{4-121}$$

其中

$$A_{ij} = \int_{-1}^{1} Y_{1j}(y_1)Y_{1i}(y_1)\mathrm{d}y_1 \tag{4-122}$$

$$B_{2i} = \int_{-1}^{1} (T_e - Ey_1 - D)Y_{1i}(y_1)\mathrm{d}y_1 \tag{4-123}$$

针对式(4-118)和式(4-121)进行数值仿真，假设，$0.001 < Kn < 0.1$，$Pr = 0.7$，$\gamma = 1.4$，得到待定系数 C_{1j} 和 C_j，如表 4.8 所示。

表 4.8　前 9 个待定系数

j	$C_j(Kn=0)$	$C_{1j}(Kn=0)$	$C_j(Kn=0.04)$	$C_{1j}(Kn=0.04)$
1	−30.0210	−27.7690	−29.4190	−26.2320
2	7.4791	24.6730	6.2912	20.2390
3	−4.0206	−23.4220	−2.8981	−16.4600
4	2.6863	22.9630	1.6678	13.7780
5	−1.9908	−23.0190	−1.0757	−11.8250
6	1.5693	23.5260	0.7468	10.4080
7	−1.2879	−26.5540	−0.5462	−9.3938
8	1.0878	29.7220	0.4166	8.9704
9	−0.9386	−40.3430	−0.3265	−9.8266

4. 换热特性

根据流体截面平均温度的定义[100]，流体的平均温度可表示为

$$T_m(z) = \frac{\displaystyle\int_{-1}^{1} wT(y_1, z_1)b\,\mathrm{d}y_1}{2bw_m}$$

$$= D + \int_0^1 \frac{3\left[\left(1 + \dfrac{2l_s}{b}\right) - y_1^2\right]}{2\left(1 + \dfrac{3l_s}{b}\right)}\chi\,\mathrm{d}y_1 \tag{4-124}$$

其中

$$\chi = \sum_{j=1}^{\infty} C_j Y_j(y_1) Z_j(z_1) \tag{4-125}$$

上壁面($y_1 = 1$)流体的热流密度为

$$q_{+w} = \lambda E \frac{1}{b} + \frac{1}{b}\lambda\gamma_{+w} \tag{4-126}$$

其中

$$\gamma_{+w} = \sum_{j=1}^{\infty}\left[C_{1j}Z_{1j}\frac{\partial Y_{1j}}{\partial y_1}\bigg|_{y_1=1} + C_j Z_j \frac{\partial Y_j}{\partial y_1}\bigg|_{y_1=1}\right] \tag{4-127}$$

下壁面($y_1 = -1$)流体的热流密度为

$$q_{-w} = -\lambda E \frac{1}{b} - \frac{1}{b}\lambda\gamma_{-w} \tag{4-128}$$

其中

$$\gamma_{-w} = \sum_{j=1}^{\infty}\left[C_{1j}Z_{1j}\frac{\partial Y_{1j}}{\partial y_1}\bigg|_{y_1=-1} + C_j Z_j \frac{\partial Y_j}{\partial y_1}\bigg|_{y_1=-1}\right] \tag{4-129}$$

上壁面的努塞尔数为

$$Nu_{+\mathrm{w}} = \frac{b}{\lambda}\frac{q_{+\mathrm{w}}}{T_{+\mathrm{w}} - T_{\mathrm{m}}} = \frac{q_{+\mathrm{w}}}{T_{+\mathrm{w}} - D - \int_0^1 \dfrac{3\left[\left(1 + \dfrac{2l_{\mathrm{s}}}{b}\right) - y_1^2\right]}{2\left(1 + \dfrac{3l_{\mathrm{s}}}{b}\right)}\chi\,\mathrm{d}y_1} \qquad (4-130)$$

下壁面的努塞尔数为

$$Nu_{-\mathrm{w}} = \frac{b}{\lambda}\frac{q_{-\mathrm{w}}}{T_{-\mathrm{w}} - T_{\mathrm{m}}} = \frac{q_{-\mathrm{w}}}{T_{-\mathrm{w}} - D - \int_0^1 \dfrac{3\left[\left(1 + \dfrac{2l_{\mathrm{s}}}{b}\right) - y_1^2\right]}{2\left(1 + \dfrac{3l_{\mathrm{s}}}{b}\right)}\chi\,\mathrm{d}y_1} \qquad (4-131)$$

4.4　仿真结果分析

4.4.1　对称热边界条件下的换热特性

针对 4.2.7 节推导的不考虑黏性耗散情况下的缝隙微通道的努塞尔数(式(4-94))进行仿真，仿真参数[98]如表 4.9 所示。

表 4.9　图 4.4 的仿真参数

Br	Pe	l_{s}/b	l_{T}/b
0	10^6	0	0

图 4.4 为仿真得到的努塞尔数随轴向坐标 z_1 变化曲线。由图 4.4 可知，局部努塞尔数的渐进值为 7.54，这与经典缝隙微通道的计算结果完全吻合，验证了本章推导的正确性。

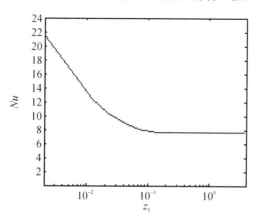

图 4.4　努塞尔数随轴向坐标 z_1 变化曲线

针对 4.2.7 节考虑黏性耗散情况下的缝隙微通道努塞尔数(式(4-92))进行数值仿真，仿真参数如表 4.10 所示。

表 4.10　图 4.5 的仿真参数

Br	Pe	l_s/b	l_T/b
0	10^6	0	0
-0.001	10^6	0	0
0.001	10^6	0	0

图 4.5 为仿真结果,该图表明:

(1) 不同的 Br 值会导致不同于经典 Graetz 问题的努塞尔数曲线。当 $Br \neq 0$ 时,努塞尔数在充分发展段的渐进值为 17.5。当 $Br = 0$ 时,努塞尔数在充分发展段的渐进值为 7.54,这与 Graetz 的计算结果完全吻合。

(2) 努塞尔数随轴向距离 z_1 的增加而发生变化。图 4.5 对比了 $Br = 0.001$、$Br = -0.001$ 和 $Br = 0$ 三种情况。当 $z_1 < 0.2$ 时,努塞尔数曲线与 Br 数无关。当 $z_1 > 0.2$ 时,努塞尔数曲线表现出不同的情况,分成了三条。

(3) 当 $z_1 = 0.63$, $Br = 0.001$ 时,努塞尔数奇异。这是因为在式(4-92)中,分母 $(T_w - T_m)$ 在某轴向位置处为零,从而导致仿真结果奇异。本质上说明,在 $Br < 0$ 的情况下,式(4-92)只反映耗散热的传输,没有对流换热的物理意义,因此,以后对努塞尔数的讨论中,只取 Br 等于零。

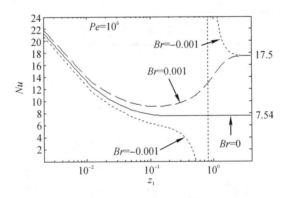

图 4.5　黏性耗散对努塞尔数的影响曲线

Pe 数是用来描述轴向热传导对对流换热性能的影响参数。第 3 章讨论了需要考虑轴向热传导情况,表明在高的 Pe 数时,轴向热传导可以被忽略,反之则应该考虑。而微小尺寸管道应该把轴向热传导考虑进去,因为这时候的 Pe 数往往很低。

下面讨论轴向热传导对换热性能的影响。针对式(4-94)进行数值仿真,仿真参数如表 4.11 所示。

表 4.11　图 4.6 的仿真参数

Br	Pe	l_s/b	l_T/b
0	10^6	0	0
0	10	0	0
0	25	0	0

以 $z_1 = \dfrac{8z}{3Peb}$ 为横坐标时，Pe 数对努塞尔数的影响曲线如图 4.6 所示。该图对比了 $Pe=10$、$Pe=25$ 和 $Pe=10^6$ 三种情况。当 $z_1<0.2$ 时，努塞尔数曲线表现出不同的情况，分成了三条，且 Pe 数越小，努塞尔数越大，这与文献[99]的结果相一致。当 $z_1>0.2$ 时，三条努塞尔数曲线重合且努塞尔数的渐进值相同，均为 7.54。

但用图 4.6 所示曲线来讨论 Pe 数对努塞尔数的影响存在缺陷。因为在图 4.6 中，分子和分母都是与 Pe 数相关的量，不能反映在轴向某个几何位置的轴向热传导和圆形微通道换热效果的关系，应该将横坐标替换为与 Pe 数无关的量 z/b。

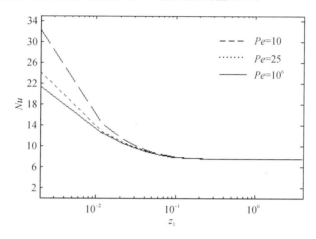

图 4.6　Pe 对努塞尔数的影响 $\left(z_1 = \dfrac{8z}{3Peb}\right)$

图 4.7 为横坐标为 z/b 的仿真结果。该图表明在入口处，不同的 Pe 数会导致不同的努塞尔数。努塞尔数随 Pe 数增大而增大，这是因为在工质相同的情况下，Pe 数越大，Re 数越大，即流体速度越高，从而导致努塞尔数越大。此外，无论 Pe 数如何变化，努塞尔数的渐进值都相同，均为 7.54，这与经典的缝隙微通道的计算结果相同。

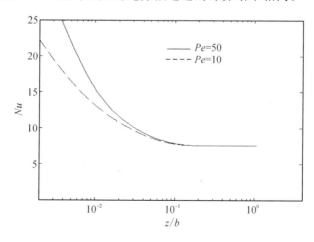

图 4.7　轴向热传导对努塞尔数的影响曲线

下面讨论速度滑移和温度跳跃对换热特性的影响。针对式(4-94)进行数值仿真，温度跳跃系数根据式(4-75)进行计算，仿真参数如表 4.12 所示。

表 4.12　图 4.8 的仿真参数

Br	Pe	l_s/b	l_T/b
0	10^6	0.16	0.2621
0	10^6	0.24	0.3875
0	10^6	0	0

图 4.8 为仿真结果。该图表明:

(1) 当 $l_s=0$, $l_T=0$ 时,缝隙微通道在充分发展阶段时的努塞尔数趋于 7.54,这与经典理论计算的结果完全相同;

(2) 当 $l_s \neq 0$ 且 $l_T \neq 0$ 时,缝隙微通道在充分发展阶段的努塞尔数均小于 7.54,这与文献[95]仿真结果相同。

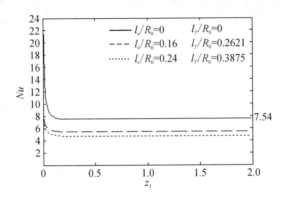

图 4.8　速度滑移和温度跳跃对努塞尔数的影响曲线

4.4.2　非对称壁面温度的换热特性

针对上壁面的努塞尔数(式(4-130))和下壁面的努塞尔数(式(4-131))进行数值仿真,流体入口处温度为均匀温度 T_e。仿真参数如表 4.13 所示。

表 4.13　图 4.9 的仿真参数

$T_e/℃$	$T_{+w}/℃$	T_{-w}	Pe	l_s/b	l_T/b
20	60	30	10^6	0	0

仿真结果如图 4.9 所示,该图示出了上、下壁面的努塞尔数与无量纲轴向距离 z_1 的影响曲线。由图 4.9 可知:

(1) 上壁面与下壁面的努塞尔数曲线没有重合,而是分开的;

(2) 当 z 趋向于无穷远处时,上、下壁面的努塞尔数趋于 1,这是因为在 $z \to \infty$ 处,式(4-130)和式(4-131)中平均温度趋向于常数 D;

(3) 当 $z_1=0.2$ 时,下壁面的努塞尔数可以为 0,并且会从正无穷变为负无穷,这是因为此时下壁面温度与流体平均温度之差为零。

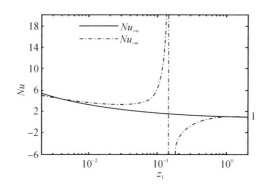

图 4.9　不对称热边界条件下努塞尔数随 z_1 的变化曲线

4.4.3　对称热边界条件下的温度场

不考虑黏性耗散,针对流体的温度场(式(4-59))沿缝隙高度方向进行数值仿真,仿真参数如表 4.14 所示,图 4.10 为对应的仿真结果。

表 4.14　图 4.10 的仿真参数

$T_e/℃$	$T_w/℃$	z_1	Pe	l_s/b	l_T/b
20	60	0.05	10^6	0	0
20	60	0.05	10^6	0.16	0.2621
20	60	0.05	10^6	0.24	0.3875

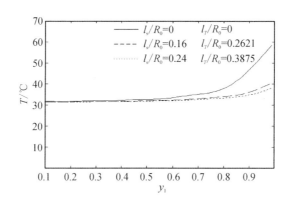

图 4.10　流体温度沿缝隙高度方向的变化曲线

不考虑黏性耗散,针对流体的温度场(式(4-59))沿轴向位置进行仿真,仿真参数如表 4.15 所示。

表 4.15　图 4.11 的仿真参数

$T_e/℃$	$T_w/℃$	y_1	Pe	l_s/b	l_T/b
20	60	1	10^6	0	0
20	60	1	10^6	0.16	0.2621
20	60	1	10^6	0.24	0.3875

图 4.11 为流体温度沿轴向位置的变化曲线,由图 4.11 可以看出:

(1) 当速度滑移 $l_s = 0$ 且 $l_T = 0$ 时,壁面处($y_1 = 1$)流体温度等于壁面温度;当 $l_T \neq 0$ 且 $l_s \neq 0$ 时,壁面处($y_1 = 1$)流体温度小于壁面温度,存在温度跳跃现象。

(2) 随着 z_1 的不断增大,流体温度趋于壁面温度。

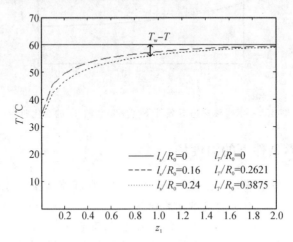

图 4.11　流体温度沿轴向位置的变化曲线($y_1 = 1$)

4.4.4　非对称壁面温度场

针对式(4-130)和式(4-131)的分母(壁面温度与流体温度之差)进行仿真,仿真参数如表 4.16 所示。

表 4.16　图 4.12 和图 4.13 的仿真参数

T_e/℃	T_{+w}/℃	T_{-w}/℃	y_1	Pe	l_s/b	l_T/b
20	60	30	1	10^6	0	0

图 4.12 为壁面温度与流体平均温度之差随轴向位置 z_1 的变化曲线。该图表明:

(1) 随着 z_1 的增大,下壁面温度与流体平均温度之差先由正变为 0,再变为负值。二者之差为正时,表明流体被加热;二者之差为负时,表明流体给壁面加热。

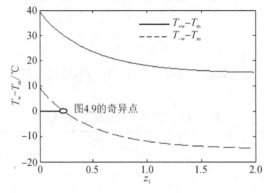

图 4.12　壁面温度与流体平均温度之差随轴向位置的变化曲线

　　（2）在 $z_1=0.2$ 处，下壁面温度与流体平均温度之差为 0，式(4-131)就是图 4.9 中下壁面的努塞尔数为无穷大的原因。而上壁面没有这种现象，因为上壁面温度一直高于流体的平均温度，不会出现二者相等的情况。

　　图 4.13 为温度梯度随轴向位置的变化曲线。该图表明：下壁面流体温度的一阶导数会从正数变为 0 再变为负数，从而导致壁面的热流密度从正数变为负数。当它为 0 的时候，式(4-131)中的分子和分母都为 0，造成了下壁面的努塞尔数奇异。而上壁面的流体温度的一阶导数沿着轴向位置始终为正值。

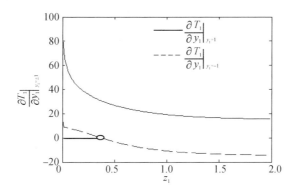

图 4.13　温度梯度随轴向位置的变化曲线

　　针对式(4-96)进行流体温度在不同缝隙高度情况下的仿真，仿真参数如表 4.17 所示。图 4.14 为对应的仿真结果。该图表明：随 z_1 的增大，流体温度不断升高，但上、下壁面温度曲线分成了两条曲线。当 $y_1=1$ 时，流体温度从 20℃ 不断升高，最终上升到上壁面温度 60℃。当 $y_1=-1$ 时，流体温度为从 20℃ 开始不断升高，最终上升为下壁面温度 30℃。当 $y_1=0.5$ 时，流体温度为从 20℃ 升高到 52.9℃。

表 4.17　图 4.14 的仿真参数

$T_e/℃$	$T_{+w}/℃$	$T_{-w}/℃$	y_1	Pe	l_s/b	l_T/b
20	60	30	1	10^6	0	0
20	60	30	-1	10^6	0	0
20	60	30	0.5	10^6	0	0

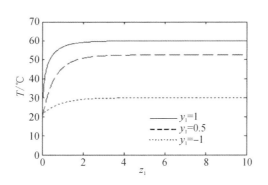

图 4.14　温度沿轴向位置的变化曲线

针对式(4-96)进行不同速度滑移和温度跳跃的仿真,仿真时,流体选用空气,仿真参数[95]如表4.18所示。

表4.18 图4.15和图4.16的仿真参数

Br	Pe	Kn
0	10^6	0
0	10^6	0.04
0	10^6	0.06

图4.15和图4.16分别为上、下壁面温度受速度滑移和温度跳跃的影响曲线。图4.15和图4.16表明:

(1)Kn数越大,壁面温度与流体温度之差越大(跳变温度越大)。

(2)当Kn数为零时,跳变温度为零。

(3)在无穷远处,流体温度和壁面温度趋于一致,没有温度跳跃现象。

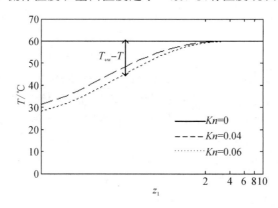

图4.15 上壁面温度受速度滑移的影响曲线

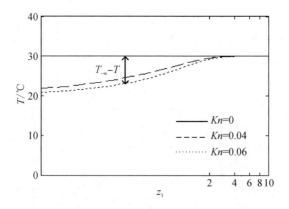

图4.16 下壁面温度受速度滑移的影响曲线

第5章 纵向涡发生器的设计与分析

已有研究发现，流体在扰流元件（如纵向涡发生器）作用下可减小管道壁面流动边界层的厚度，使管道内部导热热阻减小，进而实现强化换热。国内外诸多研究表明，通过在管道内加入纵向涡发生器可有效提高换热器的换热效果，部分学者还研究了多个纵向涡发生器同时作用下的强化换热特性。

虽然纵向涡发生器能够提高换热特性，但是也增大了流动阻力，因此在设计纵向涡发生器的时候，需要综合考虑换热特性和流动特性。美国的 Webb 教授提出了一个综合换热评价因子 PEC，当 PEC 大于 1 时，说明强化换热有意义；当 PEC 小于 1 时，说明强化换热没有意义[24]。因此我们在设计纵向涡发生器时，需要考虑综合换热评价因子。

本章首先阐述一种新型非对称小翼纵向涡发生器，然后讨论非对称小翼的高度、非对称小翼与轴线的夹角（后文简称倾角）对换热特性及流动特性的影响规律。

5.1 强化换热模型及边界条件

图 5.1 示出了带有 4 对矩形小翼纵向涡发生器的圆形管道的三维模型、左视图和俯视图。圆形管道长为 0.50 m，直径 D 为 0.02 m，壁厚 0.001 m。如图 5.1(a)所示，整个圆形管道包含上游段、测试段和下游段，其中上游段长度、测试段长度、下游段长度分别为 0.1 m、0.35 m 和 0.05 m。这些矩形小翼安装在 0.35 m×0.003 m×0.001 m（长×宽×高）的矩形板上，矩形板位于管道中心轴线位置。镶嵌的矩形小翼的尺寸为 0.012 m×0.0005 m。矩形小翼两侧翼高分别为 H_1，H_2，小翼与矩形板的安装倾角为 β，如图 5.1(b)和 5.1(c)所示。矩形小翼的一侧翼高 H_1 恒定为 0.01 m，即 $H_1/D=0.5$，另一侧翼高 H_2/D 分别为 0.2、0.3、0.4、0.5，为考察小翼倾角对换热及流动特性的影响，β 的取值分别为 10°、20°、30°和 35°。矩形小翼的间距 P 固定，即 $P=0.10$ m，管道壁面上的热流密度 q 为 20 000 W/m²。考虑有限的计算资源，除了管道及矩形板的长度，仿真模型的所有尺寸都与实验完全相同。

本章将采用数值仿真方法和实验方法研究圆形管道内纵向涡发生器的强化换热特性，其控制方程为第 2 章的式(2-2)，式(2-9)和式(2-27)。采用 ICEM CFD 进行网格划分，采用 Fluent 15.0 进行数值仿真。

为求解控制方程式(2-2)、式(2-9)和式(2-27)，我们需要进行以下假设：

(1) 液态工质水的热物理性质视为恒定，流体不可压缩。

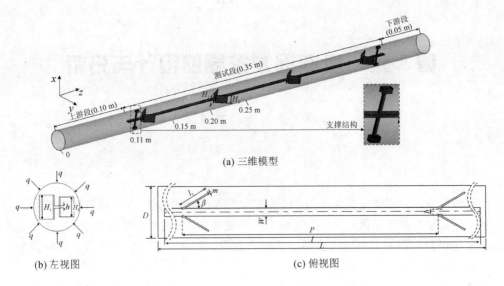

(a) 三维模型

(b) 左视图   (c) 俯视图

图 5.1 整体几何模型

(2) 忽略热辐射及重力。

(3) 管中流体的流动状态是紊流。

(4) 壁面为无速度滑移边界条件。

(5) 入口处流体温度为 293 K。

(6) 出口为压强出口(Pressure Outlet),即出口压强为一个标准大气压。

(7) 壁面上的均匀热流密度为 20 000 W/m^2,且恒定不变。

(8) 矩形小翼及其他壁面为绝热边界条件。

圆形管道以及内部换热器的材料均采用钢,其参数如表 5.1 所示。

表 5.1 材料参数表

材料	密度 $\rho/$ (kg/m^3)	比热容 $c_p/$ (J/(kg·K))	导热系数 $k/$ (W/(m·K))	动力黏度 $\mu/$ (kg/(m·s))	普朗特数 Pr
钢	8030.00	502.48	16.27	—	—
去离子水	998.20	4183.00	0.60	0.001 003	7.02

在数值仿真求解器设置中,入口设置为速度入口,雷诺数 Re 为 5000~170 000。入口速度及相应的雷诺数见表 5.2。流体的物理参数设为:$\rho=998.2$ kg/m^3,$k=0.6$ W/(m·K),$Pr=7.02$,$\mu=0.001\ 003$ Pa·s,$c_p=4183$ J/(kg·K)。

表 5.2 入口速度及相应的雷诺数

Re	5000	8000	11 000	14 000	17 000
$w/$(m/s)	0.2512	0.4019	0.5526	0.7033	0.8541

网格数量决定了计算机运算分析所需的时间。网格质量决定了计算结果的可靠性。常用的网络划分软件有 TurboGri、Gambit、ICEM CFD。ICEM CFD 采用先进的网格划分技

术，可以对因结构变化造成流场变化的区域进行局部的网格加密，对流动边界层进行自动加密处理，可以实现全六面体高质量网格的划分，也可以对复杂空间实现混合网格划分，即实现结构网格与非结构网格的完美衔接，形成光滑贴体的网格，从而得到较高质量的网格。ICEM CFD 还是具有强大功能的 CAD 模型处理工具，用户可以为所选择的面线体分配网格大小等参数，并将其保存到 CAD 原始数据库中。经过这样处理，即使需要修改几何模型，也不会丢失相关 ICEM CFD 的设置，缩短了网格再生的时间，且缩短了研发周期。

　　本章采用 ICEM CFD 15.0 软件划分网格，生成非结构三角形网格及棱柱边界层，在靠近壁面处划分为边界层网格，并在插入物表面进行加密，划分为细小网格，如图 5.2 所示。

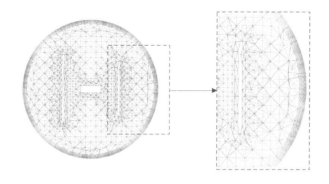

图 5.2　$z=0.225$ m 处横截面网格划分

　　本章在 Fluent 数值模拟时选择的流动形式为稳态定常的 SST（剪切应力传输）k（湍流动能）-ω（比耗散率）湍流模型，三维模型管道的入口选择速度入口边界条件，出口选择压强出口边界条件，如图 5.3 所示。

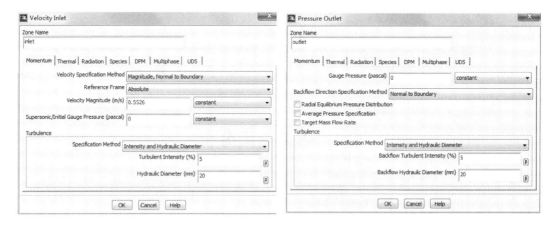

图 5.3　入口及出口边界条件设置

　　压强与速度耦合采用 SIMPLE 算法，在对流方程中，对流项及扩散项的离散化均采用二阶迎风格式，能量方程的残差小于 10^{-7}，其他项的残差均为 10^{-5}，设置如图 5.4 所示。

　　当 $Re=11\,000$，$\beta=30°$，矩形小翼高度 $H_1/D=H_2/D=0.5$ 时验证网格独立性，分别采用网格数为 582 734、996 378、1 469 101、1 994 038、22 364 935 的网格进行数值仿真，网格的独立性测试结果如图 5.5 所示。当网格数大于 996 378 时，努塞尔数 Nu 与摩擦因子

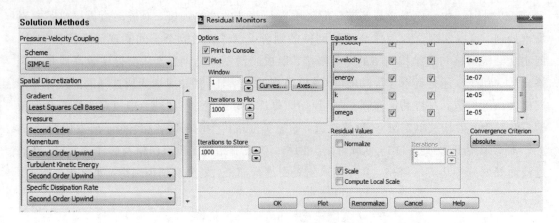

图 5.4　求解设置

f 的误差分别小于 0.4% 和 1.5%。由于数值仿真计算的准确程度受网格质量的影响，网格数目太少会导致数值计算结果不准确，网格数目过密则需耗费大量计算时间，对计算机的配置也有较高的要求，因此，为确保求解精度，并减少计算时间、节省资源，通常采用网格数为 996 378 的网格进行计算。

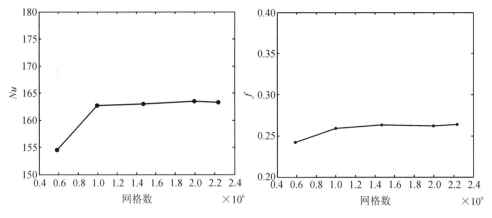

图 5.5　网格独立性测试

5.2　仿真结果分析

　　本节将讨论在不同雷诺数下矩形小翼的倾角和翼高对管内流动及换热特性的影响，最后从场协同角度进一步揭示强化换热机理。

　　将光滑管道的努塞尔数和摩擦因子的数值仿真结果分别与经典的 Dittus-Boelter、Gnielinsiki 和 Blasius、Petukov 公式的计算结果进行对比。相关公式如下：

　　Dittus-Boelter 公式：

$$Nu = 0.023Re^{0.8}Pr^{0.4} \tag{5-1}$$

　　Gnielinski 公式：

$$Nu = \frac{(f/8)(Re-1000)Pr}{1+12.7(f/8)^{1/2}(Pr^{2/3}-1)} \tag{5-2}$$

Blasius 公式：

$$f = 0.3164 Re^{-0.25} \tag{5-3}$$

Petukhov 公式：

$$f = (0.79 \ln Re - 1.64)^{-2} \tag{5-4}$$

图 5.6 为光滑管道的仿真结果与经典努塞尔数、摩擦因子的实验结果对比曲线。图 5.6 说明，与 Dittus-Boelter、Gnielinsiki 的计算结果相比，光滑管道的努塞尔数 Nu 误差分别为 8.28%、7.72%，与 Blasius、Petukov 的计算结果进行对比，光滑管道的 f 误差分别为 8.72%、8.26%。这表明仿真结果与经典的实验结果吻合很好，数值仿真方法可靠。

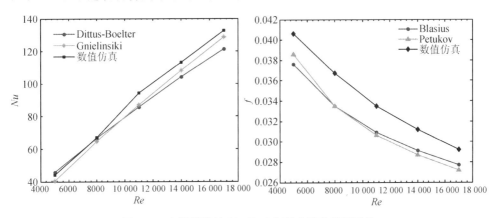

图 5.6　光滑管道的 Nu 和 f 与经典实验结果对比

5.2.1　矩形小翼的倾角对管内流体流动及换热的影响

图 5.7 是圆形管道纵截面流体的速度矢量分布图及温度分布云图。图 5.7(a)清楚地显示了矩形小翼纵向涡发生器在圆形管道内产生了 4 个强烈的旋涡，4 个旋涡将壁面处的热流体卷入圆形管道核心流域，并把中心处的冷流体带到了温度较高的壁面，增强了冷热流体的混合程度，进而降低了壁面温度，这点从图 5.7(b)中得到证实。图 5.7(b)表明冷流体涌向圆形管道左右两侧，流体和左右两侧附近的热流体混合后，被带回中心，因此中心区域流体温度升高，壁面的高温区域面积不断减少。

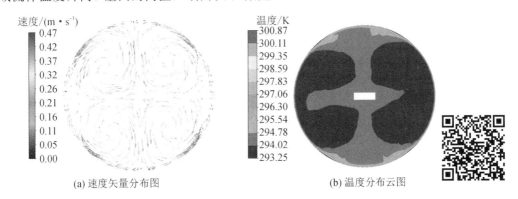

(a) 速度矢量分布图　　　　　　　(b) 温度分布云图

图 5.7　速度矢量分布图与温度分布云图($z = 0.25$ m，$Re = 11\,000$，$\beta = 30°$)

图 5.8 为 $z = 0.25$ m 处不同倾角时纵截面流体温度分布图。随着倾角 β 的不断增加，

壁面高温区域面积不断减小,流体温度越来越高。这是因为随着角度 β 的增大,矩形小翼与壁面的距离变短,使矩形小翼把流体引向了壁面,壁面附近的热流体与圆形管道核心流域的冷流体相互之间的混合更为强烈,流体温度分布也愈加均匀。这是因为流体冲刷壁面,使流动边界层变薄,增强了热交换。

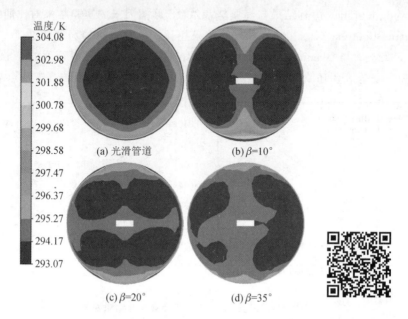

图 5.8　不同倾角时的纵截面流体温度分布云图($Re=11\ 000$, $z=0.25$ m)

图 5.9 为不同倾角 β 时的流体流线图,比较图 5.9(a)与图 5.9(b)~(e)可以得出,由于矩形小翼产生了旋涡。随着倾角 β 的变大,流体的流线变得愈加弯曲,使旋涡强度越高,流体的混合程度加强,因此增强了流体与壁面间换热。

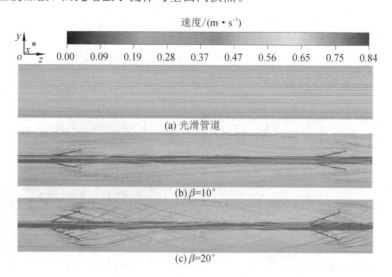

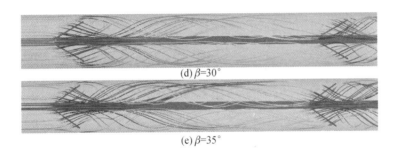

(d)$\beta=30°$

(e)$\beta=35°$

图 5.9　不同倾角 β 时的流体流线图（$Re=11\,000$，$x=0$，yoz 平面）

图 5.10 描述了在 $Re=11\,000$ 时不同倾角 β 下的壁面温度分布云图。由图可以看出随着倾角增加，壁面温度不断降低，在 $\beta=10°$ 时最高壁面温度为 305.07K，而 $\beta=35°$ 时最高温度为 302.85K。由图 5.9 可得，由于 β 变大，矩形小翼产生的纵向涡增大，流动湍流强度增加，流线扰动剧烈，核心流域冷流体与壁面热流体充分混合，降低了壁面温度，有利于热交换。

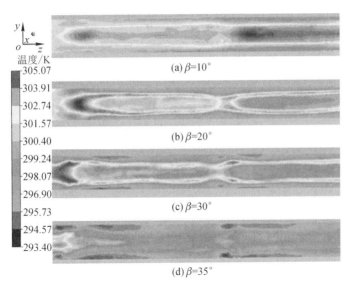

温度/K

305.07
303.91
302.74
301.57
300.40
299.24
298.07
296.90
295.73
294.57
293.40

(a)$\beta=10°$

(b)$\beta=20°$

(c)$\beta=30°$

(d)$\beta=35°$

图 5.10　不同倾角 β 对应的壁面温度分布云图（$Re=11\,000$，$x=0$，yoz 平面）

图 5.11 描述了当 $5000\leqslant Re\leqslant17\,000$，$H_1/D=H_2/D=0.5$ 时，矩形小翼纵向涡发生器倾角 β 对 Nu 和 Nu/Nu_0 的影响曲线。由图 5.11(a) 可见，当 β 不变时，Nu 伴随 Re 的增大而增加。这是由于 Re 增大，导致涡流强度增强，使得温度边界层变薄，换热得到增强。在 Re 恒定情况下，Nu 数随着倾角 β 的增大而增加。这是由于倾角增大，更多的流体冲刷壁面，使得涡流强度变大，流体与壁面之间的碰撞扰动增强，换热得到增强。

图 5.11(b) 所示为倾角 β 对 Nu/Nu_0 的影响曲线，Nu_0 为光滑管道的努塞尔数：Re 在 $5000\sim17\,000$ 内，倾角 β 分别为 35°、30°、20° 和 10° 时，其 Nu/Nu_0 变化范围分别为 $2.49\sim1.89$、$2.27\sim1.75$、$1.66\sim1.44$ 和 $1.25\sim1.16$。此外，随着 Re 的增加，Nu/Nu_0 逐渐减小。

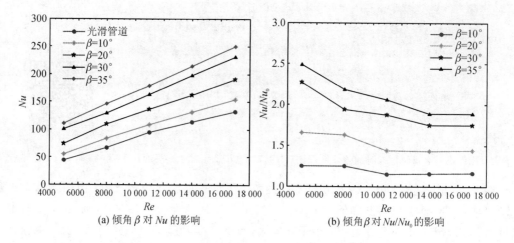

(a) 倾角 β 对 Nu 的影响   (b) 倾角 β 对 Nu/Nu_0 的影响

图 5.11   倾角 β 对 Nu 和 Nu/Nu_0 的影响

图 5.12(a)示出了 $H_1/D = H_2/D = 0.5$ 时倾角 β 对 f 的影响。由图可见,当 β 一定时,f 随着 Re 增加而降低。图 5.12(b)示出了 $H_1/D = H_2/D = 0.5$ 时 β 对 f/f_0 的影响,f_0 为光滑管道的摩擦因子。由图 5.12(b)可以看出 f/f_0 随 Re 的增大而增加,当倾角 β 为 $10°$、$20°$、$30°$ 和 $35°$ 时,f/f_0 的变化范围分别为 $2.09 \sim 2.32$、$3.63 \sim 3.86$、$7.18 \sim 8.20$ 和 $10.31 \sim 12.32$。由于 β 增加,导致摩擦因子增大,矩形小翼的引入使得流道弯曲和变长,因此增加了流动阻力。

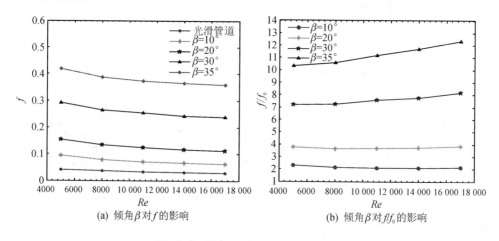

(a) 倾角 β 对 f 的影响   (b) 倾角 β 对 f/f_0 的影响

图 5.12   倾角 β 对 f 和 f/f_0 的影响

图 5.13 示出了矩形小翼纵向涡发生器倾角 β 对综合换热评价因子 PEC 的影响曲线。由图可知,Re 从 5000 增长到 17 000,综合换热评价因子 PEC 呈降低趋势。当倾角 $\beta > 20°$,$5000 < Re < 8000$ 时,PEC>1,强化换热效果良好。而当 $Re > 8000$ 时,PEC 均小于 1,说明综合换热性能较差。此外,对于 $\beta = 10°$,PEC 均小于 1,说明矩形小翼小倾角范围内,换热增长率的 Nu/Nu_0 增长速率远小于流体流动阻力系数 f/f_0 的增长速率,强化换热堪忧。而在 $\beta = 30°$,得到最大的 PEC 数,其值为 1.18。

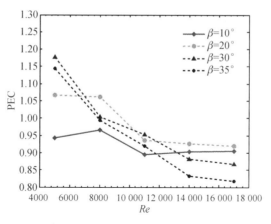

图 5.13　倾角 β 对 PEC 的影响

5.2.2　矩形小翼的翼高对管内流体流动及换热的影响

本节分析矩形小翼的翼高对管内流体流动及换热的影响。图 5.14 为不同翼高时的速

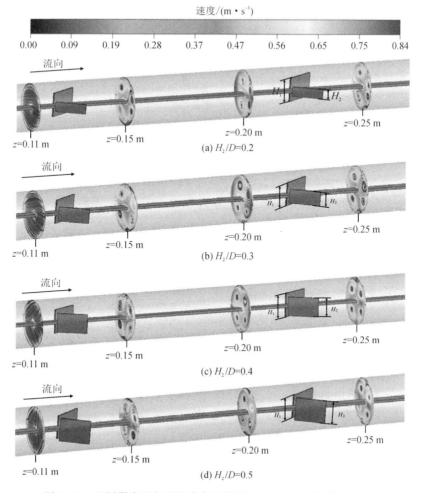

图 5.14　不同翼高时的速度分布云图（$Re = 11\,000$，$H_1/D = 0.5$）

度分布云图。与 $z=0.11$ m 相比，$z=0.15$ m、0.20 m 和 0.25 m 处存在更强的旋涡。这是由于流体速度分量垂直于管道壁面，减薄了流动边界层，降低了流体与壁面的导热热阻，因此换热增强。此外，可以看出，旋涡数随着 H_2 的增高而增加，即涡量在不断增加，旋涡的强度随着 H_2 的增高而增强。

不同 H_2 情况下，无量纲数 Nu/Nu_0 和 f/f_0 随 Re 的变化如图 5.15 所示。由图 5.15(a)可见，雷诺数相同情况下，随着翼高 H_2 的增加，Nu/Nu_0 也增加。当 Re 相同时，$H_2/D=0.2$，0.3，0.4，0.5，对应的 Nu/Nu_0 依次增加，这表明换热能力随着翼高 H_2 的增加而增强。Nu/Nu_0 的最大值发生在 $H_2/D=0.5$ 时。这是因为随着 H_2 的增大，旋涡的强度增大，流体的扰动增大，流体与壁面混合愈来愈充分，换热效果增强。图 5.15(a)还表明 Nu/Nu_0 值在低雷诺数下比高雷诺数下更高。

图 5.15(b)为 f/f_0 随 Re 的变化情况，在相同雷诺数的条件下，f/f_0 随着 H_2/D 的增加而增加。在雷诺数不同的条件下，其比值随着雷诺数的增加而增大。此外，侧翼的增高会造成流体通过的路径变长，导致圆形管道的沿程压降和局部阻力增大。与光滑管道相比，引入矩形小翼的圆形管道的摩擦系数 f 增加了 $349\%\sim720\%$。

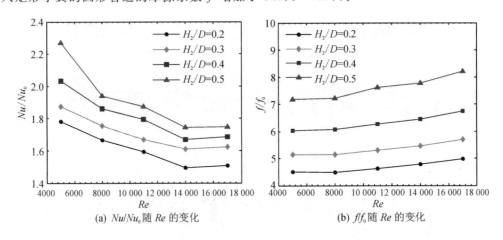

(a) Nu/Nu_0 随 Re 的变化   (b) f/f_0 随 Re 的变化

图 5.15 Nu/Nu_0 与 f/f_0 随 Re 的变化曲线

图 5.16 示出了圆形管道的综合换热评价因子随 Re 的变化情况，当 $H_1/D=H_2/D=0.5$ 时，$Re=5000$，PEC 数达到最大值 1.18。对于低雷诺数，由于 Nu/Nu_0 的比值大于 f/f_0 的比值，因此 PEC 数大于 1。然而，当 $Re>8000$，$H_2/D=0.2$、0.3、0.4 和 0.5 时，PEC 数急剧下降并小于 1，这可以解释为在 Re 增大的过程中，无量纲因子 f/f_0 的比值增长速度要大于 Nu/Nu_0 比值的增长速度，即通过损失较大的泵功率获得较高的换热能力。

过增元院士[103]指出流体流动速度、物性参数会对对流换热有一定的影响，但是对流换热的强弱还由温度梯度与流速的协同性决定。协同性可表示为

$$\overline{U} \cdot \nabla \overline{T} = |\overline{U}| \, |\nabla \overline{T}| \cos\theta \tag{5-5}$$

式中，θ 是速度与温度梯度之间的夹角，即场协同角。由式(5-5)可得出，U 和 ∇T 的夹角 θ 越小，$\overline{U} \cdot \nabla \overline{T}$ 就越大，速度场和温度场的协同性就越好，表明换热特征值的努塞尔数值也越大，换热就越强烈。所以，为了得到更大的换热强度，就需要将速度和温度梯度之间的夹

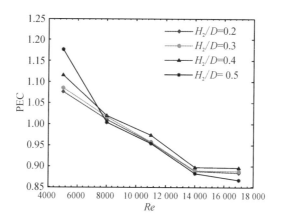

图 5.16 PEC 随 Re 的变化($\beta=30°$)

角降到最低。

图 5.17 为 $x=0$ m 时 yoz 平面内不同倾角 β 下的场协同角分布图。由图可知,倾角 β 越大,场协同角小于 90°所占面积比例就越大。原因是角度的增大使涡旋大小增加。这也可以进一步解释倾角的增加有助于增强速度矢量与温度梯度之间的协同作用,这是换热增强的根本原因。

场协同角/(°)

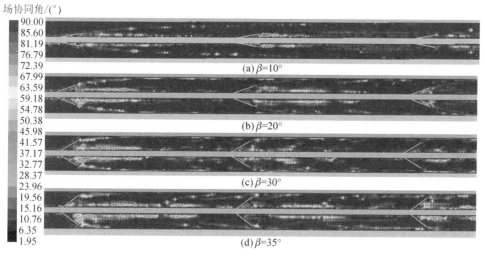

(a)$\beta=10°$

(b)$\beta=20°$

(c)$\beta=30°$

(d)$\beta=35°$

图 5.17 $x=0$ m 时不同倾角 β 下的场协同角分布云图

图 5.18 为平均场协同角 θ_m 随倾角 β 的变化曲线。图 5.18 表明,在同一倾角 β 下,Re 越大,平均协同角 θ_m 就越小。由图也可以看出,矩形小翼可以减小场协同角,增强换热效果。这是由于矩形小翼产生了纵向旋涡,随着倾角 β 的增加,速度与温度梯度的协同性更好,平均协同角 θ_m 减小。

图 5.19 示出了翼高 H_2 对平均场协同角 θ_m 的影响曲线。由图可知,当 $H_2/D=0.5$ 时,平均场协同角最小,这解释了当 $H_2/D=0.5$ 时出现最大努塞尔数。当 $5000 \leqslant Re \leqslant 17\ 000$ 时,平均场协同角的下降程度较小,表明场协同的作用降低,主要表现在努塞尔数

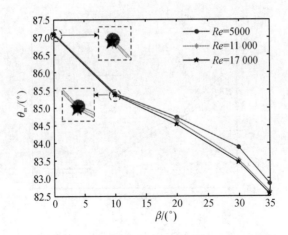

图 5.18 平均场协同角 θ_m 随倾角 β 的变化曲线

缓慢地增加(参见 5.15(a))。根据场协同原理,无限制地增大雷诺数以获得较强的换热效果并非理想的方法。

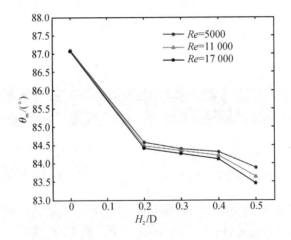

图 5.19 平均场协同角 θ_m 随 H_2/D 的变化曲线

过增元院士[103]基于电学和热学之间的类比,发现这两种物理现象很类似,从概念、物理量到物理定律都能够尽相对应,电学对应的有电势能,热学中缺乏类似于电势能的势能,火积的概念由此第一次被提了出来,它用来表征热量对外换热的能力。在对流换热过程中,其热量传递的过程不可避免地被不断耗散,这也就是火积耗散的来源,其表达式为

$$E_{vh} = \frac{1}{2} Q_{vh} U_h = \frac{1}{2} Q_{vh} T \tag{5-6}$$

式中,Q_{vh} 代表的是物体容积一定情况下的热容量,U_h 代表热势,和物理学中的电势类似,也就是物体所具有的温度。

稳态无内热源导热问题中能量守恒方程如下:

$$\rho c_p \frac{\partial T}{\partial t} = -\nabla q \tag{5-7}$$

以式(5-7)为基础,通过公式两端乘以温度 T 变换可以得到

$$\rho c_p T \frac{\partial T}{\partial t} = -\nabla(qT) - k(\nabla T)^2 \tag{5-8}$$

式中，k 为物体导热系数，$\rho c_p T \dfrac{\partial T}{\partial t}$ 是微元体内的火积随时间的变化率，$-\nabla(qT)$ 为进入微元体内的火积流，$k(\nabla T)^2$ 为单位时间内微元体中火积的耗散量。

对流换热与导热是有区别的，它存在动量的输送。依据导热优化的耗散极值，得到对流换热平衡表达式为

$$\Delta E = \frac{1}{2} q_m c_V T_{in}^2 - \frac{1}{2} q_m c_V T_{out}^2 + q_m c_V (T_{out} - T_{in}) T_w \tag{5-9}$$

式中，q_m 代表质量流量率，c_V 代表定容比热容。式（5-9）左边是换热当中出现的火积耗散，等式右边第一项代表流体流入所具有的火积，第二项代表流体从出口流出的火积，第三项代表流向壁面的火积。

流体被冷却时，火积耗散的平衡方程可描述为

$$\frac{1}{2} q_m c_V T_{in}^2 = \frac{1}{2} q_m c_V T_{out}^2 + q_m c_V (T_{in} - T_{out}) T_w + \Delta E \tag{5-10}$$

流体被加热时，火积耗散的平衡方程可描述为

$$\frac{1}{2} q_m c_V T_{out}^2 = \frac{1}{2} q_m c_V T_{in}^2 + q_m c_V (T_{out} - T_{in}) T_w - \Delta E \tag{5-11}$$

应当说明的是，当导热热流值已知时，计算得出的 ΔE 最小，对应的导热温差值也最小，此时换热效果也最好，这称作最小火积耗散极值原理。最大火积耗散原理定义为：当导热的温差已知时，计算得到的 ΔE 最大，即火积耗散最大时，导热的热流值也就最大，换热也得到增强。火积耗散极值原理自提出后，在揭示强化换热的实质上得到了广泛认可与应用。

在热流密度恒定时，由最小火积耗散原理可知，ΔE 最小，导热的温差值也达到最小。并且，增强换热的过程就是降低热阻的过程，ΔE 最小，相应的换热热阻也最小。

图 5.20 示出了倾角 β 对火积耗散值的影响。由图可知，同一雷诺数下，倾角越大，火积耗散值越小；相同倾角下，随着雷诺数的增加，火积耗散值逐渐减小，说明矩形小翼倾角

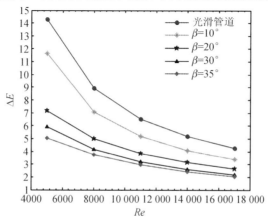

图 5.20　倾角 β 对火积耗散值的影响

β 的增大确实有降低热阻且强化换热的效果。

图 5.21 示出了不同翼高下的火积耗散值,图中清晰表明,翼高 H_2 越大,火积耗散值越小,随着雷诺数增加,火积耗散值逐渐减小。由此可见,增加翼高可以降低热阻,增强换热。

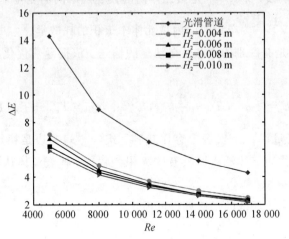

图 5.21　翼高 H_2 对火积耗散值的影响

5.2.3　基于仿真数据的关联式

基于倾角和单侧小翼的无量纲翼高对流体流动和换热的影响规律,这里建立了 Re 在 5000~17 000 范围内,管内插入矩形小翼的努塞尔数与摩擦因子的仿真数据的经验关联式,表示如下:

$$Nu = 0.1234Re^{0.7359}\left(\frac{\beta\pi}{180D}\right)^{0.4269}\left(\frac{H_2}{D}\right)^{0.1994}Pr^{0.4} \qquad (5-12)$$

$$f = 2.907Re^{-0.2010}\left(\frac{(90-\beta)\pi}{180}\right)^{-4.3812}\left(\frac{H_2}{D}\right)^{0.5551} \qquad (5-13)$$

图 5.22 显示了根据关联式预测的努塞尔数和摩擦因子的值与数值模拟所得值的对比曲线,Nu 与 f 的差值分别在 ±9.1% 与 ±12.0% 之内,表明预测结果与数值结果吻合较好。

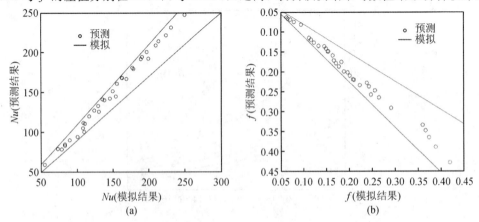

图 5.22　预测的 Nu 和 f 与数值模拟数据

将非对称布置矩形小翼的圆形管道的努塞尔数、摩擦因子和综合换热评价因子与其他学者研究的管内纵向涡发生器进行比较。本节选取了 Guo 等人[104]的新型扭曲的圆锥插入物、Liu 等人[105]的圆管内带有导向槽扰流器、Wei 等人[106]的管内插入冲孔的三角形纵向涡发生器、Liu 等人[107]的管内插入螺旋纽带开交错轴三角孔、Zhang 等人[108]的管内插入双螺旋弹簧进行了对比。

　　图 5.23(a)和(b)分别显示了 Nu 和 f 随 Re 的变化情况。由图可见，对于所有插入物，Nu 随着 Re 的增加而增加，而 f 随着 Re 的增加而减小。本章所设计的矩形小翼纵向涡发生器具有良好的换热性能。在所研究的雷诺数范围内，管内带有矩形小翼的 Nu 值要大于新型扭曲的圆锥插入物、圆管内带有导向槽扰流器、管内插入冲孔的三角形纵向涡发生器以及管内插入双螺旋弹簧的 Nu 值。关于流动特性，管内使用非对称布置的矩形小翼的摩擦因子 f 要小于管内插入的螺旋纽带开交错轴三角孔和管内插入双螺旋弹簧的摩擦因子 f。

　　图 5.23(c)所示为综合换热评价因子 PEC 随 Re 的变化情况。PEC 均随着 Re 的减少而增加，管内插入矩形小翼的 PEC 要优于管内插入双螺旋弹簧的 PEC。当 $Re<8000$ 时，PEC 值比新型扭曲的圆锥插入物和圆管内带有导向槽扰流器的 PEC 值大；当 $Re>8000$ 时，PEC 值小于新型扭曲的圆锥插入物和圆管内带有导向槽扰流器的 PEC 值。此外，在整

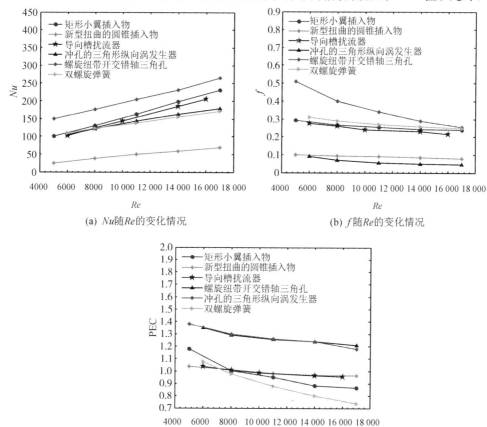

(a) Nu 随 Re 的变化情况

(b) f 随 Re 的变化情况

(c) PEC 随 Re 的变化情况

图 5.23　与其他学者研究工作的 Nu、f、PEC 的对比

个雷诺数范围内，管内插入矩形小翼的 PEC 值要低于管内插入冲孔的三角形纵向涡发生器和管内插入的螺旋纽带开交错轴三角孔的 PEC 值。原因是 f 随着 Re 的增加而缓慢下降。因此，未来的矩形小翼结构优化还有很多工作要做，为了提高综合换热评价因子，结构上要进一步改善，比如在矩形小翼上冲孔或对小翼边角圆滑处理，以减小流动阻力。

5.2.4　管内矩形小翼对流换热实验

本节主要搭建带有矩形小翼圆形通道的对流换热实验平台，并对相关的物理量(壁面温度、流体温度、流量、压强)进行测量和数据处理。

1. 实验系统

实验系统(见图 5.24)包括电磁泵、流量计、旁通阀、节流阀、数显压力表、散热水箱、调压变压器、数据接收器、计算机、T 形热电偶、圆形管道、蓄水箱等设备。该实验使用电磁泵驱动流体进行管内无源强化换热，通过加热带实现管道定热流条件。为了计算换热管道的流阻及努塞尔数，需要测量的数据包括进出口流体的平均温度、管道壁面的平均温度、管道入口的流体流量和进出口的压降等。为了测量这些数据，需要用两个 T 形热电偶测量进出口流体温度，一个放置在入口接头加工的小孔中，另一个放置在出口接头加工的小孔中，并通过密封胶将小孔密封好。用 5 个 T 形热电偶测量管道壁面的温度，它们分别被放置于壁面加工 0.001 m 深的 5 个微孔中，并用耐热胶固定。通过求其平均值，求得管道壁面温度。通过数显压力表测量进出口压降，一个与管道接头相连，置于入口处，另一个同样放置在出口处。通过流量计测量入口液态工质流量，通过节流阀来得到与数值仿真中同样的流速。

整个实验流程为：通过电磁泵将蓄水箱内温度为 293 K 的流体吸入，流体通过流量计后进入圆形管道，在圆形管道内进行热量交换，而后通过管道出口进入散热水箱，等该水箱中流体达到进口温度条件时注入与电磁泵连接的蓄水箱，达成闭环实验系统。

在进行实验研究之前，需要根据现有的实验条件及所能达到的最大精度，合理选择设计一套实验系统。本实验包含以下 4 个子系统。

(1) 流体冷却系统。流体冷却系统由蓄水箱和一个散热水箱组成，由蓄水箱向测试系统提供恒温 293 K 的冷却水，而通过热量交换的流体由于温度升高，则使用散热水箱进行冷却，待其温度下降至 293 K 后通过阀门控制其重新流入蓄水箱中。

(2) 数据采集系统。数据采集系统由 T 形热电偶、数显压力表、流量计以及数据接收器(安捷伦测试仪)等构成。其主要目的是测量流体温度、管壁温度、进出口压降以及入口流量。

(3) 加热系统。加热系统是由调压变压器与加热带构成的，加热带由铬镍(Cr20Ni80)加热丝、包衣以及外接插头组成。调节调压变压器，可使得通过加热带的电流恒定，从而为系统提供恒定热流边界条件。

(4) 实验组件系统。实验组件系统由电磁泵、旁通阀、节流阀、加工的圆形管道以及矩形小翼、测试用导线、承载流体的软导管以及密封件等组成，以保证实验正常顺利进行。

图 5.25 为圆形管道安装矩形小翼细节图。镶嵌的矩形小翼的尺寸为 0.012 m×0.0005 m,

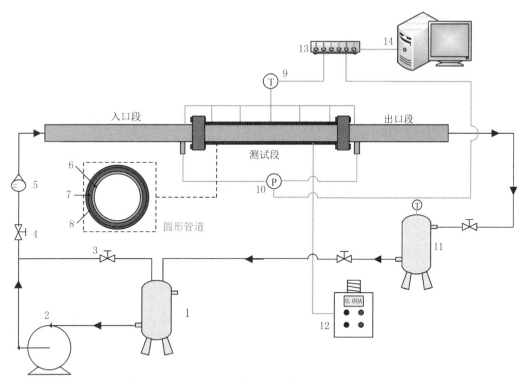

1—蓄水箱；2—电磁泵；3—旁通阀；4—节流阀；5—流量计；6—钢管；7—加热带；8—隔热层；
9—T形热电偶；10—数显压力表；11—散热水箱；12—调压变压器；13—数据接收器；14—计算机。

图 5.24　实验系统

两对矩形小翼之间的水平距离为 0.10 m，即间距为 0.10 m。矩形小翼两侧无量纲翼高分别
为 $H_1/D=0.5$，$H_2/D=0.4$，小翼与矩形板的安装倾角 $\beta=30°$，如图 5.25(b)、5.25(c)所
示。矩形小翼通过圆形管道内壁凸起的凹槽固定，如图 5.25(d)所示，安装固定后的效果如
图 5.25(e)所示。

(a) 矩形小翼插入物实图

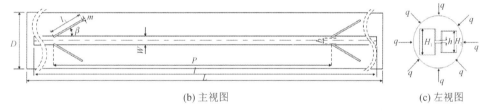

(b) 主视图　　　　　　　　　　　　　　　　(c) 左视图

(d) 内壁凸起的凹槽

(e) 安装细节

图 5.25　圆形管道安装矩形小翼细节图

实验的动力来源为 MP-20RM 的微型电磁泵,用于驱动液态工质水进行强化换热实验,如图 5.26(a)所示。电磁泵的各项参数如表 5.3 所示。

(a) 电磁泵

(b)调速器

图 5.26　电磁泵与调速器

表 5.3　电磁泵参数

电磁泵品牌	型号	最高扬程	最大流量	标准输出流量	标准扬程
智沃	MP-20RM	3.1 m	27 L/min	17 L/min	2 m

实验中,需要采用调速器和节流阀控制流体流速,将调速器与电磁泵接线柱相连,通过旋转旋钮调节电磁泵的电流,从而控制电磁泵的转速。调速器如图 5.26(b)所示。

依据仿真设置的定热流边界条件,采用铬镍(Cr20Ni80)加热带提供热流,将加热带紧密缠绕在管道外侧,通过与变阻器相连接,可以调节加热的功率,通电后即可为测试段进行加热,如图 5.27 所示。

由于圆形通道管壁的热流密度达到 $q = 20000$ W/m^2,而加热功率 $P_w = q \times S$, S 为管道外表面积,管道外径 $D_2 = 0.024$ m,长度为 1 m,由此计算出加热功率 $P_w = 1507.2$ W。实验采用电阻值为 2.9 Ω/m,宽度为 0.0035 m,长为 22 m 加热带绕满管道。根据公式 $P = I^2 R$,可以求出其额定电流为 4.86 A。

考虑实验的绝缘及绝热的需求,加热带与钢管之间缠有绝热胶带,防止漏电和漏热。

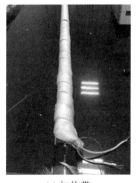

(a) 加热带

(b) 变阻器

图 5.27　加热带与变阻器

　　根据实验需要，可依据公式 $Q = V \cdot A$（V 为流速，A 为流道截面面积）得到实验所需要最大流量为 16.2 L/min，实验选取测量精度为 ±4% 的 LZS-25 流量计来测量，其参数如表 5.4 所示。流量计垂直于水平地面放置，通过节流阀（如图 5.28(b) 所示）控制实验所需的流量。通过节流阀控制进入流量计中流体的质量流量，根据浮子浮标指示值判断是否达到实验要求。

(a) 流量计

(b) 节流阀

图 5.28　流量计与节流阀

表 5.4　流量计具体参数

规格型号	通径	流量范围	最大耐压	介质温度	测量误差
LZS-25	0.025 m	160～1600 L/h	0.6 MPa	0～60℃	±4%

　　实验采用 PY-G8 功率测量仪测量通过加热带的功率，如图 5.29(a) 所示，具体做法为：将加热带与调压变压器连接，然后插入插头以实时监测实际功率。功率测量仪的基本参数如表 5.5 所示。两个数显压力表分别置于强化换热管两端，用来测量进出口压降，其基本参数如表 5.6 所示。利用 T 形热电偶测量进出口及壁面的温度；在管道的两个接头处各加工一个小孔，用来放置热电偶测量进出口流体温度；在管道外壁处等间距加工深度为 0.001 m 的小圆孔来测量壁面温度，将测量端接入图 5.29(d) 所示的测试仪后端，接收板卡中读取测量温度。数显压力表与 T 形热电偶分别如图 5.29(b)、图 5.29(c) 所示，T 形热电偶基本参数如表 5.7 所示。

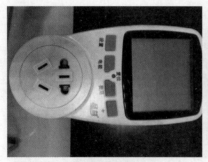

(a) 功率测量仪　　　　　　　　　　　　(b) 数显压力表

(c) T 形热电偶　　　　　　　　　　　　(d) 安捷伦测试仪

图 5.29　实验用测量仪器

表 5.5　功率测量仪基本参数

产品型号	功率范围	电压范围	电流范围	测量精度
PY-G8	5～2200 W	0～264 V	0.001～10 A	±2%

表 5.6　数显压力表基本参数

产品型号	压强范围	环境温度	测量精度
HG-80 K	0～1.6 MPa	−20～65℃	±0.5%

表 5.7　T 形热电偶基本参数

产品型号	绝缘范围	测量最高温度	测温精度
TT-T-30	−267～260℃	150℃	±0.2%

　　将流体冷却系统、数据采集系统、加热系统、实验组件系统进行组建,搭建整个实验测试平台,如图 5.30 所示。

2. 实验步骤

具体实验步骤如下:

(1) 将蓄水箱开关打开,给蓄水箱中充满水。

(2) 打开电源开关,使整个实验系统通电,分别接通调压变压器、功率测量仪、数显压力表以及安捷伦测试仪,查看各表是否正常显示。

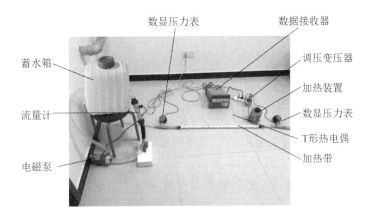

图 5.30　实验测试平台

（3）启动电磁泵，使得整个实验装置通水，调整节流阀，观测流量计浮子的指示值，得到与数值仿真相对应的流量值，并查看数显压力表显示是否正常。

（4）开启加热系统，调整调压变压器，通过功率测量仪检测加热装置是否达到定热流下的功率。

（5）开始数据采集过程，此时，需要管壁温度以及进出口水温平衡稳定，所以在整个系统运行半小时以后，再记录采集的温度和压强数据。

（6）调节旁通阀以及节流阀，测量其他流速下的实验数据。

（7）结束实验，停止加热并拔出加热插头，增大流量和流速，将实验加热段冷却下来。冷却以后，关掉电磁泵和蓄水箱开关，并关闭数据接收器等测试仪器，关闭电源。

3. 实验结果

本实验采用定热流边界条件，壁面温度 T_w 以及进出口流体平均温度 T_m 按以下公式进行计算：

$$T_w = \sum_{i=1}^{5}\left(\frac{T_{wi}}{5}\right) \tag{5-14}$$

$$T_m = \left(\frac{T_{in} + T_{out}}{2}\right) \tag{5-15}$$

式中，T_w 为壁面 5 个测量点温度 T_{wi} 的平均值，T_{in} 与 T_{out} 分别表示入口、出口流体的温度。

对流换热系数 h、热流密度 q、努塞尔数 Nu 以及摩擦因子 f 分别为

$$h = \frac{q}{T_w - T_m} \tag{5-16}$$

$$q = \frac{P}{A} = \frac{P}{\pi D L} \tag{5-17}$$

$$Nu = \frac{hD}{k} \tag{5-18}$$

$$f = \frac{\Delta p}{(L/D)(\rho w_m^2/2)} \tag{5-19}$$

水的雷诺数为

$$Re = \frac{\rho w_{\mathrm{m}} D}{\mu} \tag{5-20}$$

式中，q 为热流密度，P 为加热功率，A 为加热面面积，D 代表圆形管道水力直径，L 代表管道长度，k 代表流体导热系数，Δp 代表流体进出口压降，ρ 为流体的密度。这里的 w_{m} 以及 μ 分别代表流体的平均速度和动力黏度。

为验证数值模拟的准确性，选取结构参数为 $H_1/D=0.5$，$H_2/D=0.4$，$\beta=30°$ 的矩形小翼进行实验。通过实验，对流速以及管道壁面温度、流体平均温度、进口流量、进出口压降等数据进行采集记录，记录如表 5.8 所示。

表 5.8　数值模拟及实验采集的数据结果

方式	进口流量 /(L/h)	流速/(m/s)	流体平均 温度/K	壁面温度/K	进出口 压降/Pa	努塞尔 数 Nu
实验	284	0.2512	297.56	304.24	213.37	99.80
	468	0.4019	296.73	301.68	489.74	134.65
	612	0.5526	296.18	300.11	849.68	169.80
	792	0.7033	295.40	298.64	1326.93	205.67
	972	0.8541	294.62	297.53	1911.46	229.30
数值 模拟	284	0.2512	294.04	303.15	192.58	89.83
	468	0.4019	293.64	300.07	449.59	124.29
	612	0.5526	293.46	298.46	800.52	156.07
	792	0.7033	293.36	297.45	1242.25	189.10
	972	0.8541	293.30	296.72	1789.99	224.27

通过实验数据，拟合出 $H_1/D=0.5$、$H_2/D=0.4$、$\beta=30°$ 情况下的数值模拟仿真及实验的曲线图，如图 5.31 所示。数值模拟结果与实验结果具有很好的吻合性，Nu 的最大误差为 8.76%，f 的最大误差为 10.61%。

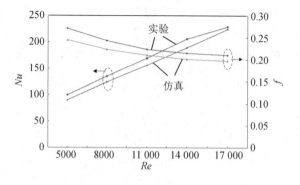

图 5.31　仿真与实验结果对比

5.2.5　实验不确定性分析

由于实验过程中存在诸多不确定因素和测量仪器精度误差、管道设计和加工误差以及热量损失误差等，使整体实验结果存在误差的积累。因此，需要对实验的不确定性做出具体分析。

这里所采用的 Re、Nu、f 的不确定性参照 Schultz[109-110] 与 Kline[111] 的方法进行计算，即

$$U_R = \left[\sum_{i=1}^{n} \left(\frac{\partial R}{\partial V_i} U_{V_i} \right)^2 \right]^{0.5} \quad (5-21)$$

式中，R 代表绝对不确定性，U_{V_i} 为每一个独立系统的绝对误差，n 代表系统中存在变量的个数。公式中需要的误差值参照表 5.9。

表 5.9　实验参数误差分析

参　　　数	绝对误差	相对误差
通道直径 D	± 0.1 mm	—
管道长度 L	± 0.1 mm	—
加热带热量损失	—	5%
功率测量仪	—	$\pm 2\%$
温度	—	$\pm 0.2\%$
压强	—	$\pm 0.5\%$
流量率	—	$\pm 4\%$

由式(5-21)可知，

$$\frac{U_{Re}}{Re} = \left[\left(\frac{U_D}{D} \right)^2 + \left(\frac{U_\mu}{\mu} \right)^2 + \left(\frac{U_\rho}{\rho} \right)^2 + \left(\frac{U_{w_m}}{w_m} \right)^2 \right]^{0.5} \quad (5-22)$$

这里的 $w_m = Q/S$，Q 为液体流量，有

$$U_{w_m} = \sqrt{ \left(\frac{1}{S} U_Q \right)^2 + \left(-\frac{Q}{S^2} U_S \right)^2 } \quad (5-23)$$

$$U_S = \frac{\pi}{2} D U_D \quad (5-24)$$

$$\frac{U_{w_m}}{w_m} = \sqrt{ \frac{ \left(\frac{1}{S} U_Q \right)^2 + \left(-\frac{Q}{S^2} U_S \right)^2 }{ \left(\frac{Q}{S} \right)^2 } }$$

$$= \sqrt{ \left(\frac{1}{Q} U_Q \right)^2 + \left(-\frac{1}{S} U_S \right)^2 } \quad (5-25)$$

通过表 5.9 与式(5-22)~式(5-25)，获得 Re 的最大不确定性为 8.32%。

依据式(5-16)~式(5-18)，可得 Nu 计算公式为

$$Nu = \frac{hD}{k} = \frac{q \cdot D}{(T_w - T_m) \cdot k} = \frac{P \cdot D}{A \cdot \Delta T \cdot k} \tag{5-26}$$

$$U_{Nu} = \sqrt{\left(\frac{D}{A \cdot \Delta T \cdot k}U_P\right)^2 + \left(\frac{P}{A \cdot \Delta T \cdot k}U_D\right)^2 + \left(\frac{P \cdot D}{A^2 \cdot \Delta T \cdot k}U_A\right)^2 + \left(\frac{P \cdot D}{A \cdot \Delta T^2 \cdot k}U_{\Delta T}\right)^2 + \left(\frac{P \cdot D}{A \cdot \Delta T \cdot k^2}U_k\right)^2}$$
$$\tag{5-27}$$

$$\frac{U_{Nu}}{Nu} = \left[\left(\frac{U_P}{P}\right)^2 + \left(\frac{U_D}{D}\right)^2 + \left(\frac{U_A}{A}\right)^2 + \left(\frac{U_{\Delta T}}{\Delta T}\right)^2 + \left(\frac{U_k}{k}\right)^2\right]^{0.5} \tag{5-28}$$

$$U_{\Delta T} = \sqrt{(U_{T_w})^2 + (U_{T_m})^2} \tag{5-29}$$

$$U_{T_w} = 0.2\sqrt{(U_{T_{w1}})^2 + (U_{T_{w2}})^2 + (U_{T_{w3}})^2 + (U_{T_{w4}})^2 + (U_{T_{w5}})^2} \tag{5-30}$$

$$U_{T_m} = 0.5\sqrt{(U_{T_{in}})^2 + (U_{T_{out}})^2} \tag{5-31}$$

式中，$U_{T_{w1}}$、$U_{T_{w2}}$、$U_{T_{w3}}$、$U_{T_{w4}}$、$U_{T_{w5}}$ 为在圆形管道放置的 5 个 T 形热电偶的测温误差，$U_{T_{in}}$、$U_{T_{out}}$ 为在圆形管道进出口放置的两个 T 形热电偶的测温误差。采用表 5.9 所示的数据与式(5-28)～式(5-31)可得，Nu 最大不确定性为 10.11%。

$$\frac{U_f}{f} = \left[\left(\frac{U_D}{D}\right)^2 + \left(\frac{U_L}{L}\right)^2 + \left(\frac{U_\rho}{\rho}\right)^2 + \left(\frac{U_{w_m}}{w_m}\right)^2 + \left(\frac{U_{(\Delta p)}}{(\Delta p)}\right)^2\right]^{0.5} \tag{5-32}$$

通过表 5.9 与式(5-25)和(5-32)计算得到 f 最大不确定性为 8.37%。

第6章 单层微通道内分叉片扰流与对流换热分析

针对分叉片在热沉通道内的分布方式与位置的研究,例如分叉片末端与微通道热沉出口处距离对热沉基底峰值温度与温度梯度的影响规律研究,目前鲜有报道。因此,本章基于传统单层微通道热沉结构,构建含分叉片微通道热沉结构的物理模型及数学模型。采用数值模拟方法深入探究分叉片的相对位置对微通道内流体流动与换热的影响机理。考察分叉片的扰流效应与位距效应对热沉基底峰值温度与温度梯度的影响,并通过实验测试,验证数学模型及求解方法的可靠性[112]。

6.1 问题描述

6.1.1 微通道模型

图 6.1 给出了单层平直微通道热沉三维结构示意图。通道均匀分布在平面热源上(如图 6.1 中黑色区域所示),其中通道总数 $N=60$。所有通道参数保持一致。为方便表述,以下将单层平直微通道热沉结构简称为单层平直构形。每组通道的结构参数值如表 6.1 所示。

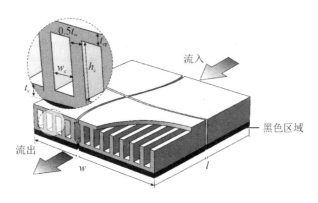

图 6.1 单层平直微通道热沉三维结构示意图

表 6.1 微通道热沉内部结构尺寸参数

参数名称	符号	数值/mm	参数名称	符号	数值/mm
热沉长度	l	20	通道高度	h_c	0.4
热沉宽度	w	20	通道宽度	w_c	0.3
热沉高度	h	0.5	顶部厚度	t_{cp}	0.35
通道间壁厚	t_w	0.35	基底厚度	t_s	0.05

对于内置垂直分叉片微通道热沉,其相关结构参数与单层平直构形一致。分叉片的结构参数为:分叉片宽度 $w_b=0.01$ mm;高度 $h_b=0.4$ mm;长度 l_b 为通道长度一半,即 $l_b=0.5l=10$ mm。分叉片设置在通道沿宽度方向中间位置,如图 6.2 所示。

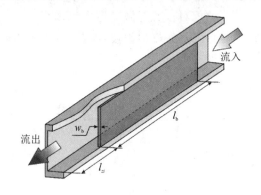

图 6.2 微通道内垂直分叉片示意图

l_{zi} 定义为分叉片末端与通道出口处之间的距离,i 为物理模型编号,不同模型中分叉片末端与通道出口处之间的距离 l_{zi} 如表 6-2 所示。

表 6.2 不同模型中分叉片末端与出口处距离 l_{zi}

模型名称	l_{zi}/mm	l_{zi}/l	模型名称	l_{zi}/mm	l_{zi}/l
单层平直构形	—	—	单层分叉片位距 l_{z3}	1.0	0.05
单层分叉片位距 l_{z1}	5.0	0.25	单层分叉片位距 l_{z4}	0	0
单层分叉片位距 l_{z2}	2.5	0.125			

微通道内的流动工质为去离子水,其在微通道热沉系统冷却过程中温度变化范围为 $25\sim80\,^{\circ}\mathrm{C}$,具有清洁、环保和便于密封等特点。表 6.3 为诸多温度状态下去离子水的物性参数。由表 6.3 可知,在温度区域范围内,密度与比热容相应变化率仅为 2.64% 和 0.29%,可见去离子水具有较为稳定的热物性;此外,去离子水具有比纳米流体更高的比热容,在相同流量和温升情况下,去离子水能带走更多的热量,具有更优的换热特性。由于硅可有效降低芯片与散热器的热失配问题,本章选择硅为热沉主体材料,其密度为 2330 kg·m^{-3},热导率(导热系数)为 148 W·m^{-1}·K^{-1}。

表 6.3　诸多温度状态下去离子水的物性参数

温度 $T/℃$	密度 $\rho/(kg \cdot m^{-3})$	比热容 $c_p/(J/(kg \cdot K))$	导热系数 $k/(W/(m \cdot K))$
20	998.2	4183	0.599
30	995.7	4174	0.618
40	992.2	4174	0.635
50	988.1	4174	0.648
60	983.1	4179	0.659
70	977.8	4187	0.668
80	971.8	4195	0.671

6.1.2　数学模型

对于微通道流体流动，由于通道尺寸缩小，因此流体工质内部作用及其与壁面间作用变得更为明显[113]。Mehendale[114] 和 Kandlikar[115] 是以通道水力直径 D_h 界定通道形式为"常规通道""迷你通道"和"微通道"的。基于水力直径 D_h 的通道分类如表 6.4 所示。

表 6.4　基于水力直径 D_h 的通道分类

通道	Mehendale 的分类	Kandlikar 的分类
常规通道（Macrochannel）	6 mm$<D_h$	3 mm$<D_h$
迷你通道（Minichannel）	600 μm$<D_h<$6 mm	800 μm$<D_h<$3 mm
微通道（Microchannel）	$D_h<$600 μm	$D_h<$800 μm

对于微通道内流体换热过程，连续模型在分子平均自由程 Λ 远小于其特征流动尺寸 L' 时有效。当该条件不满足时，流动平衡将被打破，其应力/应变的线性关系与无速度滑移条件也不再成立。当 Λ 并非远小于 L' 时，温度与热流梯度间的线性关系与流固间无温度跳跃的条件也应作出相应调整。

特征长度 L' 可以表示为流体流动总体尺寸，但用宏观变量密度 ρ 表示则更为准确：

$$L' = \frac{\rho}{\left|\dfrac{\partial \rho}{\partial y}\right|} \tag{6-1}$$

克努森数定义为平均自由程 Λ 与特征长度 L' 的比值：

$$Kn = \frac{\Lambda}{L'} \tag{6-2}$$

当 $Kn<0.1$ 时，传统连续模型需要对边界条件进行适当修正。

雷诺数为惯性力与黏性力的比值

$$Re = \frac{v_0 L'}{\mu} \tag{6-3}$$

式中，v_0 为特征速度（m $\cdot$ s^{-1}），μ 为流体动力黏度（m^2 $\cdot$ s^{-1}）。

不同克努森数可归纳为如下规律：

Euler 方程(忽略分子扩散)：$Kn \to 0 (Re \to \infty)$

无滑移边界条件的 N-S 方程：$Kn \leqslant 10^{-3}$

有滑移边界条件的 N-S 方程：$10^{-3} \leqslant Kn \leqslant 10^{-1}$

过渡区：$10^{-1} \leqslant Kn \leqslant 10$

自由分子流：$Kn > 10$

Yang 和 Lai[116-117]分别采用计算流体力学(Computational Fluid Dynamics，CFD)和 Lattice Botlzmann(LB)两种方法模拟冷却工质在微通道内部流动换热特性，发现这两种方法所得结果较为类似，表明 CFD 方法同样适用于模拟流体在微通道内流动。由于本章所采用的冷却工质为去离子水，其平均分子自由程在 10^{-10} 数量级[118-119]，且通道尺寸为 10^{-4} m 数量级，由式(6-2)可知，Kn 数在 10^{-6} 数量级范围内。因此，本章 N-S 方程及无滑移边界条件仍适用于本章微通道数值模拟。

Morini[120]为了评估微通道内流体流动和换热过程引发的黏性耗散大小，提出了 Brinkman 数。在恒热流加热条件下，其表达式如下：

$$Br = \frac{\mu u_{\mathrm{in}}^2}{q} \tag{6-4}$$

$$\kappa_{\mathrm{lim}} < \frac{8 A_{\mathrm{ch}} Br (fRe)}{D_{\mathrm{h}}^2} \tag{6-5}$$

式中，μ 为流体动力黏度(N·s·m^{-2})；q 为热流密度(W·m^{-2})；k 为导热系数 (W·m^{-1}·K^{-1})；u_{in} 为工质入口速度(m·s^{-1})；κ_{lim} 为黏性耗散准则数；A_{ch} 为通道横截面积(mm^2)。当 $\kappa_{\mathrm{lim}} < 5\%$ 时，黏性耗散可忽略不计。根据计算，本章微通道内黏性耗散准则数 κ_{lim} 在 $10^{-9} \sim 10^{-7}$ 之间。因此，在数值计算中忽略黏性耗散。

在微通道尺寸下，由于数值模拟中冷却工质 $Re < 800$，因而冷却工质流动情况均在层流范围内。本章所提流体流动均为三维稳态、不可压缩流体的层流流动，且忽略热辐射、表面张力以及体积力的影响。

6.1.3　求解方法

对于流体区域，其质量方程、能量方程与动量方程分别如式(2-2)、式(2-9)以及式(2-27)所示。

对于固体区域，其能量方程可表示为

$$\rho c_p \left(u \frac{\partial T}{\partial x} + v \frac{\partial T}{\partial y} + w \frac{\partial T}{\partial z} \right) = \lambda \left(\frac{\partial^2 T}{\partial x^2} + \frac{\partial^2 T}{\partial y^2} + \frac{\partial^2 T}{\partial z^2} \right) \tag{6-6}$$

式中：u 为 x 轴的速度分量(m·s^{-1})；v 为 y 轴的速度分量(m·s^{-1})；w 为 z 轴的速度分量(m·s^{-1})；λ 为固体基材热导率(W·m^{-1}·K^{-1})。

通道入口处边界条件设置为

$$u = 0, \ v = 0, \ w = u_{\mathrm{in}}, \ T = T_{\mathrm{in}} \tag{6-7}$$

通道出口处边界条件设置为

$$p = p_{\mathrm{out}}, \ T_{\mathrm{total}} = 300 \ \mathrm{K} \tag{6-8}$$

流固界面边界条件设置为

$$u = 0, \ v = 0, \ w = 0, \ T_s = T_f \tag{6-9}$$

$$k_f \frac{\partial T_f}{\partial n} = \frac{\partial T_s}{\partial n} \lambda \tag{6-10}$$

微通道热沉基底热流密度为

$$q = \lambda \frac{\partial T_s}{\partial n} = \text{constant} \tag{6-11}$$

通道侧壁面与对称面设置为绝热面：

$$\frac{\partial T_s}{\partial n} = 0 \tag{6-12}$$

其中：u_{in} 为工质入口速度（m · s^{-1}）；T_{in} 为冷却工质在入口处平均温度（K）；T_s 为固体区域的平均温度（K）；T_f 为流体区域的平均温度（K）。需要指出，考虑微通道计算单元具有沿侧壁面法向周期性循环的特点，通道侧壁面设置为周期性边界条件，以更为精确地模拟整体微通道热沉内冷却工质流动换热特性。

热沉总体热阻为

$$R = \frac{T_{max} - T_{in}}{Q} \tag{6-13}$$

$$Q' = q \cdot A_b \tag{6-14}$$

式中，T_{max} 为热沉基底峰值温度（K）；Q' 为热沉基底总散热量（W）；A_b 为热沉基底总面积（mm^2）。

摩擦系数及系统的泵功定义如下：

$$f = \frac{\Delta p}{2 \rho u_{in}^2} \frac{D_h}{l} \tag{6-15}$$

$$P = V \cdot \Delta p = n \cdot u_{in} \cdot A_{ch} \cdot \Delta p \tag{6-16}$$

需指出的是，在微通道内数值模拟中，定义通道出口处压强 p_{out} 为 0，通道内入口出口压差即为通道压降。

平均对流换热系数及平均 Nu 数定义如下：

$$h_m = \frac{Q'}{n A_w (T_{ave} - T_m)} \tag{6-17}$$

$$Nu = \frac{h_m D_h}{\lambda} \tag{6-18}$$

式中：h_m 为通道内平均对流换热系数（W · m^{-2} · K^{-1}）；A_w 为计算域内通道底面的表面积（mm^2）；T_{ave} 为通道内壁表面平均温度值（K）；T_m 为冷却工质平均温度（K），$T_m = (T_{in} + T_{out})/2$，$T_{out}$ 为冷却工质出口温度值（K）。

本章采用计算流体动力学软件 FLUENT 15.0 进行三维数值模拟。模型中固体壁面材料为硅，冷却工质为去离子水。采用有限容积法对控制方程进行离散，采用 SIMPLEC 算法计算压强和速度。对流项采用二阶迎风格式进行空间离散化处理，扩散项选用二阶中心差分格式进行离散化处理。当变量的残差值小于 10^{-6} 时，认为数值解收敛。

需要强调的是，在数值模拟与分析中，通道的出口温度 T_{out} 是求解量。然而，由于求

解式中存在二阶传导项,在出口处设定流向平面法向上温度不变性的边界条件,可能导致非物理结果。为避免此现象,于通道出口下游设计延伸段通道。本章所有计算模型均以结构化网格划分,以单层平直构形为例。采用三种不同网格尺寸进行划分并进行独立性验证,其网格数分别为 $50 \times 76 \times 350$(网格Ⅰ),$80 \times 110 \times 350$(网格Ⅱ),$100 \times 150 \times 350$(网格Ⅲ)。工质入口速度设定为 1.32 m/s。由表 6.5 可见,以网格Ⅱ为网格独立性验证基准,网格Ⅰ与网格Ⅲ中通道压降 Δp 与基底峰值温度 T_{max} 偏差均极小,表明网格Ⅱ的网格密度已满足计算精度要求。因此,可选取与网格Ⅱ网格密度相似的网格分布对本章所有计算模型进行网格划分。

表 6.5 网格独立性验证

参数名称	网格Ⅰ ($50 \times 76 \times 350$)	网格Ⅱ ($80 \times 110 \times 350$)	网格Ⅲ ($100 \times 150 \times 350$)
通道压降 Δp/Pa	7421.91	7420.12	7420.88
峰值温度 T_{max}/K	343.2830	343.2767	343.2776
与网格Ⅱ中通道压降对比值	0.0139%	—	0.0102%
与网络Ⅱ中峰值温度对比值	0.001 57%	—	0.000 26%

6.2 分叉片扰流结果分析

6.2.1 微通道内压降分析

热沉内微通道沿程压降是影响微通道热沉流动散热特性的一个主要因素,同时也是影响系统泵功大小与稳定性的重要因素。图 6.3 为 5 个不同模型内沿通道流向中心线的沿程压降,工质入口速度均为 1.32 m/s。由图 6.3 可看出,单层平直构形由于通道内无分叉片,沿程压降线性下降。而内含分叉片的微通道沿程压降存在明显转折点。这是因为冷却工质

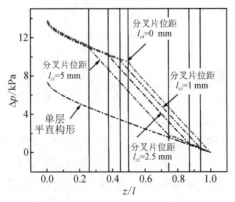

图 6.3 不同位距下微通道内沿程压降分布图

流经分叉片前缘处会出现明显的分流现象，分叉片前缘打破并重构流体边界层，导致流速变小，压降变小。压降转折点位于分叉片前缘与冷却工质发生扰流处和分叉片尾缘处（图中竖直黑色实线）。由于分叉片之后的区域具有相同通道构形，因此冷却工质流经分叉片区域之后的压降变化趋势一致。冷却工质流经分叉区域内的沿程压降特性曲线呈现相同斜率。这是因为相同的分叉片将通道分为相同的分支通道，导致工质在通道内具有相同的流动特征。在流向相同位置处，含分叉片微通道压降值均大于单层平直构形的。分叉片在通道内所处的位距对通道压降特性具有显著的影响。

通道压降的增加需要更高的微通道热沉系统泵功。图 6.4 为不同位距下微通道热沉系统所需泵功与整体热阻的关系图。由图可知，泵功随着整体热阻的减小而增大，原因是冷却工质流速的提升会显著提高热沉系统整体散热能力，同样也势必会增加通道压降值，提升系统泵功需求。这表明分叉片的引入会显著提升热沉通道的散热特性，增加系统泵功需求。例如，在泵功 $P = 2.5$ W 情况下，单层分叉片位距 l_{z4} 的热沉热阻比单层平直构形的低 10%；相反地，在相同热沉热阻 $R = 0.1$ K/W 情况下，单层分叉片位距 l_{z4} 的热沉泵功需求仅为单层平直构形的 35.7%。由图 6.4 也可以看出，分叉片相对于热沉出口端的位距 l_{zi} 对系统泵功同样影响较大。分叉片热沉所需泵功随着分叉片位距 l_{zi} 减小而降低。特别地，当位距为 $l_{zi} = 0$ mm，即分叉片末端位于热沉出口端，散热效果更为明显。图 6.4 表明分叉片放置于微通道出口端附近能明显提升分叉片微通道热沉的散热性能。

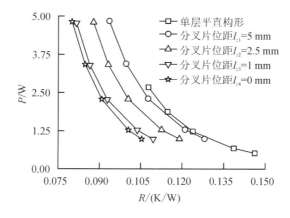

图 6.4　不同位距下微通道系统所需泵功与整体热阻值关系图

6.2.2　冷却工质流动特性

以图 6.3 中位距 $l_{z1} = 5$ mm 的分叉片微通道为例，截面 $x = 0$ 通道内速度矢量分布如图 6.5 所示。冷却工质在微通道入口端与分叉片前段之间形成稳定边界层，分叉片前端工质速度变化较大，通过分叉片前端（$z = 5$ mm）后，由于通道分成两支子通道，冷却工质在分支通道区域内速度变大。在分叉片前缘处，分叉片的存在可以有效地重构冷却工质流动边界层从而增强换热效果，如图 6.5(a) 所示。在分叉片中段处，通道内形成稳定的流动边界层，如图 6.5(b) 所示。在分叉片尾缘区域，冷却工质逐渐填充整个通道，微通道中线处流速呈线性增长，流场逐步恢复至初始状态，如图 6.5(c) 所示。

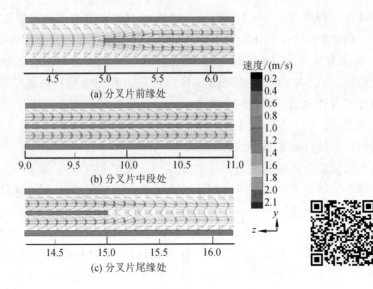

（a）分叉片前缘处

（b）分叉片中段处

（c）分叉片尾缘处

图 6.5   冷却工质速度矢量分布图

为整体展示分叉片在微通道内位距变化对基底峰值温度的影响，图 6.6 给出了不同位距条件下微通道热沉基底峰值温度（T_{max}）随冷却工质入口流速的变化关系。由图 6.6 可知，增加冷却工质入口流速可显著降低热沉基底峰值温度，内置分叉片同样可有效控制热沉基底峰值温度，且热沉基底峰值温度随着分叉片位距 l_{zi} 减小而降低。这是因为随着位距减小，分叉片更接近热沉出口端，而光滑平行直通道热沉内峰值温度主要在热沉出口端，分叉片尾缘与热沉出口端越近，分叉片对热沉基底峰值温度的调控作用就越明显。

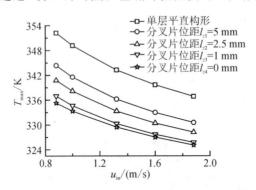

图 6.6   不同位距条件下微通道热沉基底峰值温度随冷却工质入口流速的变化关系图

以冷却工质入口速度 $u_{in}=1.32$ m/s 为例，微通道热沉基底沿流向中心线的沿程温度分布如图 6.7 所示。单层平直构形的基底温度沿程单调递增，而分叉片的引入使得热沉基底温度在分叉片前缘处明显下降。引入分叉片，增大了导热壁面与冷却工质间换热面积，改善了流动特征，提升了微通道热沉的整体换热性能，这是热沉基底温度下降的主要原因。当单层分叉片位距 $l_{z1}=5$ mm 时，由于分叉片置于微通道沿流向的中心处且相较于其他位距模型更靠近热沉通道入口端，因此对应热沉基底温度下降最为明显，温度最低。值得注意的是，在内置分叉片的微通道流段内，热沉基底温度上升趋势明显低于不含分叉片的微通道流段，当冷却工质流出分叉流道后，其温度上升趋势将与上升之前相似。

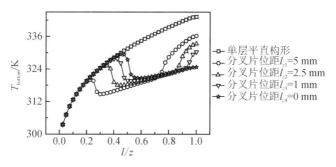

图 6.7　不同位距条件下微通道热沉基底沿流向中心线的沿程温度分布

图 6.8 给出了不同位距下微通道 Nu 数与入口处 Re 数的关系。由图可知，Nu 数随着 Re 数增加而升高，单层分叉片构形的 Nu 数显著高于单层平直构形的 Nu 数；不同位距条件下，单层分叉片构形的 Nu 数随着位距减小而增大。但这并不意味单层分叉片位距 $l_{z4} =$ 0 mm 时具有最优散热特性。因为基底峰值温度较流固交界面平均温度更为重要，所以将分叉片放置在许可范围内是微通道热沉散热的主要目的。

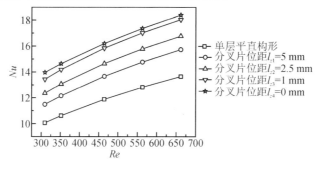

图 6.8　不同位距条件下微通道内平均 Nu 数与 Re 数关系图

图 6.9 展示了不同位距下微通道横截面与热沉基底温度分布云图，工质入口流速为 $u_{in} = 1.32$ m/s。由于分叉片的分流作用，冷却工质在分叉片前缘速度锐减，导致热沉基底温度于分叉片前缘处剧烈增加；在分叉片尾缘处，热沉基底温度迅速回升。对于单层平直构形微通道，热沉基底温度沿流向逐渐增加，而对于内置分叉片的热沉通道，基底温度普遍存在低值域。从横截面温度云图可知，通过内置分叉片增加微通道换热面积，有效增强了冷却工质流动换热效果，表明分叉片可显著增强热通道内对流散热，且优化分叉片位距 l_{zi} 可有效改善热沉基底峰值温度与温度梯度分布。

热沉基底峰值温度是微通道热沉结构设计的重要性能指标，直接关系到热沉散热性能。为进一步分析不同位距下热沉基底峰值温度变化规律，图 6.10 给出了单层平直构形和不同位距下单层分叉片构形的基底二维温度分布云图。

从图 6.10 中可以看出，分叉片位于热沉中间位置时（$l_{z1} = 5$ mm），基底峰值温度区域改变甚小，峰值温度都出现在微通道热沉出口端，与单层平直构形相似；随着分叉片位距 l_{zi} 减小，如单层分叉片位距 $l_{z2} = 2.5$ mm 时，分叉片前缘处开始出现明显的过热域，整个热沉通道基底峰值温度仍处于微通道出口端，但峰值温度开始明显下降，且出口端过热域显著缩小；当位距进一步缩小至 $l_{z3} = 1$ mm 时，分叉片前缘处过热域愈发明显，且温度迅速提升，而热沉出口端的过热域显著减小，内置分叉片前缘处过热域内最高温度与热沉出口端过热域内最高温度相近；当内置分叉片位距 l_{zi} 继续减小至 $l_{z4}=0$ mm 时，分叉片前缘处过热域内最高温度已经超过热沉出口端最高温度，在整个热沉基底内，峰值温度已从出口端转至分叉片前缘处。以上分析表明，微通道热沉内置分叉片及其出口位距对热沉基底峰值温度与温度梯度影响极为显著，合理布置分叉片尤为重要。

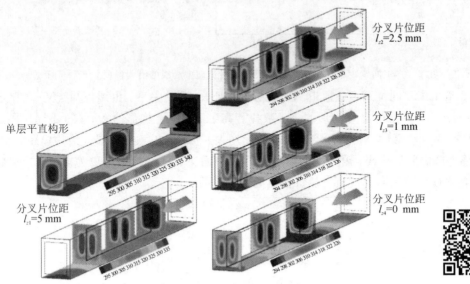

图 6.9　不同位距条件下微通道横截面与热沉基底温度分布云图（温度单位为 K）

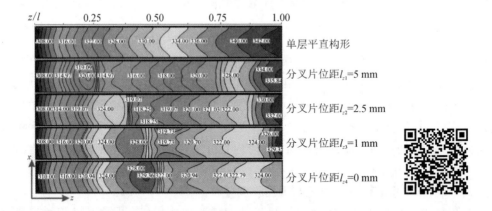

图 6.10　不同位距条件下热沉基底温度分布云图（温度单位为 K）

6.3　分叉片具体位距研究结果分析

由上述分析可知，随着分叉片位距 l_{zi} 减小，热沉基底出口端过热域内最高温度逐渐降低，但与此同时，分叉片前缘处过热域内最高温度逐渐升高。因此，理论上存在一个分叉片最佳位距使两处过热域内最高温度相同，且最高温度小于所有位距下热沉基底的峰值温度。为寻求此最佳位距，下面进一步分析分叉片位距 $0\ \text{mm} < l_{zi} < 1\ \text{mm}$ 的微通道热沉性能，4 种位距 l_{z5}、l_{z6}、l_{z7}、l_{z8} 及对应通道长度比如表 6.6 所示。

表 6.6　不同模型中分叉片位置

模　型	l_{zi}/mm	l_{zi}/l	模　型	l_{zi}/mm	l_{zi}/l
单层分叉片位距 l_{z5}	0.8	0.04	单层分叉片位距 l_{z6}	0.6	0.03
单层分叉片位距 l_{z7}	0.5	0.025	单层分叉片位距 l_{z8}	0.4	0.02

6.3.1　微通道内压降特性

图 6.11 给出了 6 种(位距分别为 0 mm、0.4 mm、0.5 mm、0.6 mm、0.8 mm、1 mm)分叉片微通道沿程压降特性。由图 6.11 可知，在沿程 $z/l=0.4$ 和 $z/l=1$ 处的压降相同，在该区间内，位距 $l_{z4}=0\ \text{mm}$ 的通道压降最大。位距 l_{zi} 增加，沿程压降数值随之下降。这是由于冷却工质进入子通道后压强迅速降低，而其进入分叉片位距 $l_{z4}=0\ \text{mm}$ 的子通道最晚，因此导致相同 z/l 时位距 $l_{z4}=0\ \text{mm}$ 的通道压降最高。

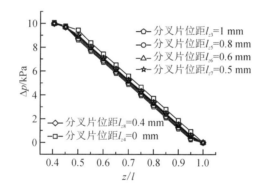

图 6.11　细微位距差异条件下微通道内沿程压降分布图

6.3.2　基底温度分布特性

细微位距差异条件下热沉基底峰值温度随冷却工质入口流速的变化关系如图 6.12 所示。由图 6.12 可知，分叉片细微位距差异对热沉基底峰值温度影响较为明显。伴随冷却工质入口流速增加，热沉基底峰值温度逐渐降低。在位距 $0 \leqslant l_{zi} \leqslant 1\ \text{mm}$ 内，随着 l_{zi} 减小，热沉基底峰值温度并非单调递减，而是先降低后增加。这一特征表明存在最佳的分叉片位距 l_{z*}，使得热沉基底峰值温度最小。分叉片位距 l_{z7} 与分叉片位距 l_{z8} 在图 6.12 所示的入口流速范围内热沉基底峰值温度差异较小。

细微位距差异条件下热沉基底温度变化如图 6.13 所示。位距细微变化时，分叉片区域内的热沉基底温度仍存在两个过热域，分别位于热沉出口端与分叉片前缘处。随着位距 l_{zi} 降低，分叉片前缘过热域内最高温度逐渐升高，且过热域扩展；同时热沉出口端过热域内最高温度逐渐降低，且过热域逐渐缩小。

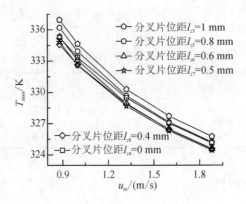

图 6.12　细微位距差异条件下热沉基底峰值温度随冷却工质入口流速的变化图

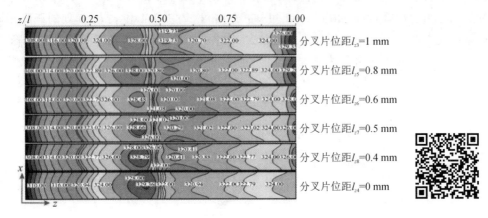

图 6.13　细微位距差异条件下热沉基底温度分布云图(温度单位为 K)

图 6.14 给出了分叉片前缘所对应的过热域的沿程温度分布。由图 6.14 可知,细微位距差异条件下过热域内的沿程温度呈现先增加后降低的趋势,且下降较上升更为迅速。随着位距 l_{zi} 减小,分叉片前缘处过热域内的最高温度所在位置也随之后移。分叉片尾缘与出口端距离越小,分叉片对热沉基底峰值温度的调控作用更为明显。

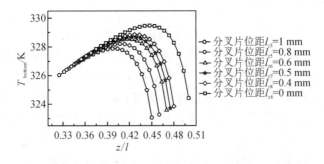

图 6.14　细微位距差异条件下内置分叉片前缘处热沉基底过热域内沿程温度分布图

表 6.7 列出了冷却工质入口流速 $u_{in} = 1.32$ m/s 时,分叉片前缘处最高温度 T_{max1}、热沉出口端最高温度 T_{max} 和相应差值($|\Delta T_{max}|$)。对比看出,分叉片位距 $l_{z7} = 0.5$ mm 时的热沉基底峰值温度最低($T_{max} = 328.465$ K),且两处过热域内最高温度差值最小($|\Delta T_{max}| = 0.221$ K)。

表 6.7　热沉基底两处过热域内最高温度与温度差值

模型名称	T_{max1}/K	T_{max}/K	$|\Delta T_{max}|$/K
分叉片位距 $l_{z3}=1$ mm	327.865	330.299	2.434
分叉片位距 $l_{z5}=0.8$ mm	328.202	329.667	1.465
分叉片位距 $l_{z6}=0.6$ mm	328.526	328.916	0.390
分叉片位距 $l_{z7}=0.5$ mm	328.686	328.465	0.221
分叉片位距 $l_{z8}=0.4$ mm	328.845	327.973	0.872
分叉片位距 $l_{z4}=0$ mm	329.468	324.754	4.714

6.3.3　流动换热综合特性

为综合评价微通道热沉内流动换热综合特性，需兼顾通道热沉内整体换热性能与流动通道的压降损失。本书引入了流动换热影响因子 $(Nu/Nu_0)/(\Delta p/\Delta p_0)^{1/3}$，下标 0 指单层平直构形。图 6.15 为上述模型流动换热影响因子 $(Nu/Nu_0)/(\Delta p/\Delta p_0)^{1/3}$ 随工质入口 Re 数的变化趋势。由图 6.15 可知，单层分叉片位距 $l_{z3}=1$ mm 的微通道流动换热影响因子最小，表明该位距下流动换热综合特性最为低效；分叉片末端位于热沉出口端时（$l_{z4}=0$ mm），其综合流动换热特性亦不理想，随 Re 数增加而下降。分叉片末端距热沉出口端 0.5 mm（$l_{z7}=0.5$ mm）时，其流动换热综合特性最佳，在没有引起任何额外压降效应的基础上，其流动换热影响因子比位距 $l_{z3}=1$ mm 与位距 $l_{z4}=0$ mm 时高出 3.11% 和 4.15%。因此，就流动换热影响因子 $(Nu/Nu_0)/(\Delta p/\Delta p_0)^{1/3}$ 而言，这印证了图 6.7 中关于沿流向中心线处布置分叉片存在流动散热最佳位距的相关分析。

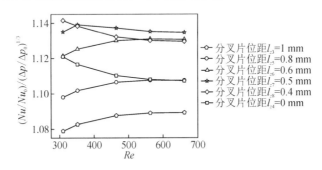

图 6.15　细微位距差异条件下热沉流动换热影响因子随 Re 数变化图

6.4　实 验 验 证

由 6.3 节可知，位距 $l_{z7}=0.5$ mm 条件下微通道热沉具有最佳流动换热效果。为验证该位距下单层分叉片构形的换热特性，利用微通道热沉 3D 打印成形工艺（具体细节在 7.2 节展开叙述），制备如图 6.16 所示的单层平直构形以及单层分叉片位距 l_{z7} 构形的微通道

热沉,以验证单层分叉片位距 l_{z7} 的换热优势。3D 打印成形工艺所制备的热沉实物如图
6.16(d)所示,整体大小以中国人民银行 2017 年发行的 1 角硬币为参考尺寸。

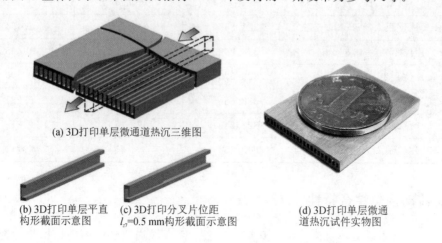

(a) 3D打印单层微通道热沉三维图

(b) 3D打印单层平直
构形截面示意图

(c) 3D打印分叉片位距
l_{z7}=0.5 mm构形截面示意图

(d) 3D打印单层微通
道热沉试件实物图

图 6.16　3D 打印单层微通道热沉结构图

图 6.17 给出了两个模型的通道压降的数值模拟与实验测量结果。由图可看出,实验测
量与数值模拟的微通道压降整体趋势吻合较好。实验测量较数值模拟结果略高的原因在于
实验测量存在额外的局部阻力。对于单层平直构形,实验测量比数值模拟结果平均高出
11.4%;对于单层分叉片构形,二者平均偏差为 16.7%。

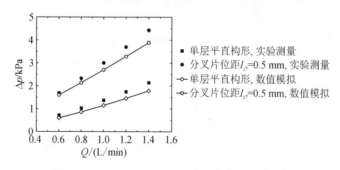

图 6.17　单层分叉片位距 l_{z7} 与单层平直构形入口压降随流量(Q)变化对比图

微通道整体散热特性如图 6.18 所示,单层平直构形的实验测量与数值模拟结果的偏
差为 2%～7%;单层分叉片位距 l_{z7}＝0.5 mm 构形的偏差在 5% 以内,实验测量结果与数
值模拟结果吻合较好。

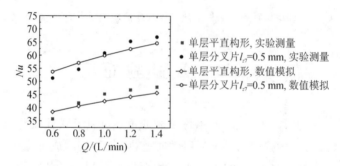

图 6.18　单层分叉片位距 l_{z7} 与单层平直构形 Nu 数随流量变化对比图

图 6.19 给出了两种构形的实验测量与数值模拟的平均热阻，单层平直构形的偏差在 3% 以内，单层分叉片位距 $l_{z7}=0.5$ mm 构形的偏差在 6% 以内。单层分叉片位距 l_{z7} 微通道在 0.6 L/min$<$Q$<$1.4 L/min 范围内的平均热阻较单层平直构形的降低 17.81%。这进一步验证了单层分叉片位距 l_{z7} 对降低微通道热阻的有效性。对比数值模拟，单层分叉片位距 l_{z7} 微通道的平均热阻相比单层平直构形的下降了 21.33%。

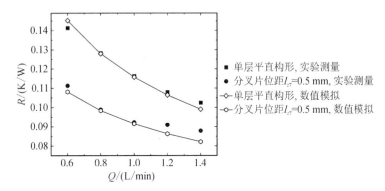

图 6.19　单层分叉片位距 l_{z7} 与单层平直构形的微通道平均热阻值随流量变化对比图

第7章　双层微通道制备及对流换热分析

7.1　问题描述

结合双层微通道散热优势,本章提出双层导流微通道构形的概念,并进行以下分析:以实验为基础,首次探究此类新型双层微通道对流换热特性;通过改进相关 3D 打印成形工艺参数制备出符合散热条件的双层微通道热沉;设计并搭建微流体强制对流换热实验系统,对其流动换热特性进行系统分析;结合实验测量与数值模拟,对比不同构形双层微通道热沉散热性能优劣,从换热学角度探究双层微通道导流效果,阐明双层导流构形内对流换热机理。

7.2　微通道试件制备

7.2.1　3D 打印成形工艺

微反应器传统加工多采用减材加工技术,主要包括微细电火花加工技术、湿法刻蚀技术以及 X 光深刻精密电铸(LIGA)技术。受加工工序复杂度及制造自由度等因素制约,这些技术在微通道构件制造方面发展应用潜力有限。

与传统制备技术相比,3D 打印技术具有设计自由、生产时间短、节约材料、无需模具等优势,在微反应器设计和制造方面作用巨大。传统减材加工技术与 3D 打印技术优缺点汇总如表 7.1 所示。

选择性激光熔化(SLM)技术属于粉末床熔融成形技术,以激光等高能量束对粉末材料进行扫描熔化,从而实现材料烧结成形。与其他打印技术相比,3D 打印具有无黏合剂、成形精度高、设计自由且无需支撑结构等优势,可实现高密度复杂构形试件打印。本章金属热沉所使用的 3D 打印设备由陕西恒通智能机器有限公司生产,型号为 SLM-300。本章树脂接口所使用的 3D 打印设备由湖南西交智造科技有限公司生产,型号为 SPS-250E,详见表 7.2。

表 7.1　传统减材加工技术与 3D 打印技术对比

技术	常用类型	材料	优点	缺点	精度/μm
传统减材加工技术	湿法蚀刻技术、LIGA 技术、电火花加工技术	硅、玻璃、金属、微细金属、陶瓷、玻璃、聚合物	操作简单、成本低廉、较好成形能力	生产成本高、周期长、工艺过程复杂、易造成污染	50～500
3D 打印技术	粉末床熔融成形	不锈钢、铝合金、钛合金、陶瓷等	精度高、对复杂结构友好、强度较高	成形时间较长、成本目前较高、粉末回收难	80～250
	光固化成形	光敏树脂材料，丙烯酸酯	表面质量好、强度好、杂物易清除	在强溶剂体系内易降解溶胀，需支撑材料	10

表 7.2　SPS-250E 具体参数

项　　目	参　　数
最大扫描速度	6000 mm/s
最大成形尺寸	125 mm×125 mm×150 mm
最大成形速度	60 g/h
成形厚度	0.07～0.2 mm
成形精度	±0.1 mm($L\leqslant$100 mm)或±0.1%($L>$100 mm)
平台尺寸	250 mm×250 mm×165 mm
耗材规格	打印材料丙烯酸酯光敏树脂
物理参数工作环境	10～30℃
电源要求	100～240 V，1.5 A，50/60 Hz
整机功率	60 W

　　将制作完备的金属热沉进出口端与树脂接口键合，完成双层微通道热沉试件制备。其中，金属热沉进出口两端树脂接口结构需对准嵌入，嵌入量为 3 mm。通过多次激光刻蚀工艺实现在树脂接口不同侧壁间位置的精准落位，表面平整度均小于 4 μm，达到试件嵌合要求。

7.2.2　微通道试件构形

　　本章双层微通道热沉结构具体分为 3 种构形，分别命名为双层平直构形、双层截断构形以及双层导流构形，如图 7.1(a)、(b)、(c)所示。

3 种构形双层微通道热沉均为 SLM 一体化成形，各通道以及上下平板之间无键合关系以及接触热阻。双层微通道热沉成形试件实物图如图 7.1(d)所示。

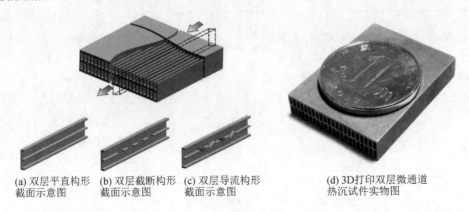

(a) 双层平直构形　(b) 双层截断构形　(c) 双层导流构形　(d) 3D打印双层微通道
　截面示意图　　　截面示意图　　　　截面示意图　　　　热沉试件实物图

图 7.1　3D 打印双层微通道热沉结构图

7.3　实验流程与数据处理

7.3.1　实验设备

本章实验设备主要包括循环冷却系统、热源系统与实验测试系统。将 3 个实验子系统连接起来，可搭建完整的实验系统。实验系统示意图如图 7.2 所示。

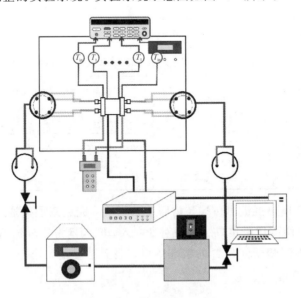

图 7.2　实验系统示意图

循环冷却系统主要由 Masterflex 数字蠕动泵、Vivo 高低温循环水浴槽和硅胶软管组成。其中，Masterflex 数字蠕动泵控制微通道热沉测试段的流体入口流速。其特点为分辨率高、密封性好、稳定性强。本实验通过蠕动泵使流体进入双层微通道热沉内,以硅胶软管构建流体的循环回路,实现整个实验系统的自主循环。本章所采用的流量单位为 L/min。采用 Vivo 高低温循环水浴槽控制流体进口温度,功率达 1.5 kW,可实现快速控温效果。工质初始温度为 14℃。

热源系统由微型高温陶瓷电热源片及交流接触式可调电源变压器 STG-500W 组成。本章仅在 3D 打印测试件基底表面施加稳定热流,测量并调控不同构形双层微通道试件基底温度。微型高温陶瓷电热源片由北京森思特科技有限公司提供。该热源片为金属钨印刷于陶瓷坯体上,陶瓷和金属经热压叠层在 1600℃氩气保护下共同烧结而成。其具有耐腐蚀、耐高温、高效节能、表面温度均匀、导热性良好等优势。其基板为白色多层氧化铝陶瓷,其中 Al_2O_3 含量不低于 95%。引线采用直径为 0.25 mm 的镍丝,热源片尺寸为 35 mm×20 mm×1.2 mm,其有效加热区域为 20 mm×20 mm,这与微通道热沉基底平面尺寸一致。该热源片的电阻值为 100 Ω。为了保证导热效果良好,减小接触热阻,热源片平面与热沉基底平面采用美国 Arctic Silver™ 导热胶黏合。该导热胶内高纯度银粉质量占比为 62%～65%,有效导热系数约为 7.5 W·m^{-1}·K^{-1}。交流接触式可调电源变压器 STG-500W 由浙江诚强电器有限公司生产。其输入电压为家用电压 220V,根据额定热流密度 100 W·cm^{-2} 要求,可将其输出电压调整为 200 V。

本章实验所需测量数据包括热沉基底温度、冷却工质进出口温度、进出口压强和微通道热沉进出口流量。采用美国 Omega 公司生产的 T 形热电偶测量热沉试件内冷却工质在进出口处温度。T 形热电偶与安捷伦测试仪相连,测试仪显示屏将实时显示所测量温度值。热沉基底温度采用深圳宇问加壹传感系统有限公司提供的数显 K 形热电偶探头的测温仪 YET-610 测量。采用数显压力表测量微通道热沉试件进出口压降,压力表的两端分别接入两根压力检测管,以连接换热器测试孔。该压力表将实时显示压强的读数。

7.3.2　测试方法

微型高温陶瓷电热源片在实验过程中如果操作不当将发生高温爆燃险情,直接影响实验操作者人身安全。因此,必须严格按照本实验步骤进行操作,具体操作过程要求如下:

(1) 严格按照 7.3.1 节的要求进行实验平台的搭建,检查各种实验设备安装是否合格,排查错接、漏接等现象。搭建完成后的实验系统如图 7.3 所示。

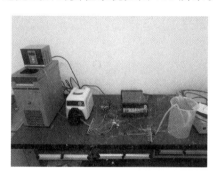

图 7.3　实验系统实物图

(2) 打开高低温循环水浴槽开关,设置初始温度。

(3) 待冷却工质温度达到设定值后,依次打开数显压力表、计算机、数字蠕动泵、测温仪和交流接触式可调电源变压器 STG-500W 电源开关,确保这些设备能正常工作。

(4) 设置数字蠕动泵,选择冷却工质注入模式为定量输入,设置冷却工质体积流量,检查水通路是否存在漏水情况,确保实验正常运行。

(5) 使用旋钮调节交流接触式可调电源变压器 STG-500W 的输出电压,待显示器显示输出电压为 200 V 时维持该电压稳定输出。为确保整个实验系统的正常循环,需保持高低温循环水浴槽的初始设置不变。

(6) 待实验系统运行稳定,测温仪和数显压力表实时数据不再变化时,开始采集实验数据。

(7) 当完成一组实验数据的采集后,必须先关闭交流接触式可调电源调压变压器 STG-500W,经 1~2 min 后再关闭数字蠕动泵以快速冷却微型高温陶瓷电热源片,以防止该电热源片干烧引发危险。在此基础上准备下一组微通道热沉试件散热实验。

(8) 改变蠕动泵内冷却工质体积流量,并维持其他条件不变,开始进行另一组微通道热沉试件散热实验,记录实验数据。

(9) 待器件冷却之后,关闭高低温循环水浴槽、数字蠕动泵、数显压力表及测温仪,排干整体实验装置内冷却工质。将各类仪器归位,结束实验。

7.3.3　实验数据处理

通过数显压力表测量微通道热沉进出口两端压强,由于工质在通道进出口会受到局部阻力,故进出口压降的计算式为

$$\Delta p = p_{\text{in}} - p_{\text{out}} - p_1 \tag{7-1}$$

式中：p_{in} 为进口压强(kPa);p_{out} 为出口压强(kPa);p_1 为局部阻力(kPa),局部阻力的计算式为

$$p_1 = 0.405\rho u_{\text{in}}^2 + 0.31\rho u_{\text{out}}^2 \tag{7-2}$$

摩擦因子为

$$f = \Delta p \frac{2D_{\text{h}}}{l\rho u^2} \tag{7-3}$$

式中：$D_{\text{h}} = \dfrac{4A}{p}$,$A$ 为通道截面面积;p 为润湿周长;u 为工质的平均流速(m·s^{-1}),计算公式为

$$u = \frac{Q}{A} \tag{7-4}$$

通道内部的热量传递表达式如下：

$$Q' = \rho c_p Q(T_{\text{in}} - T_{\text{out}}) \tag{7-5}$$

式中：ρ 为流体密度(kg·m^{-3});c_p 为比热容(kJ·kg^{-1}·K^{-1});Q 为体积流量(L·min^{-1})。

热流密度可以表示为

$$q = \frac{Q'}{A} = \rho c_p u(T_{\text{in}} - T_{\text{out}}) \tag{7-6}$$

在流体力学中，Nu 数反映了换热过程对流换热的剧烈程度，为无纲量数，计算公式如下：

$$Nu = \frac{\alpha D_h}{\lambda} = \frac{h D_h}{k} \tag{7-7}$$

式中，α 为介质换热系数（$W \cdot m^{-2} \cdot K^{-1}$）。在微通道热量传递过程中，对流换热系数 h 会受到工质密度、流速、温度差、比热容等因素的影响，在本实验中冷却工质为低黏性流体——去离子水，其密度变化忽略不计，则对流换热系数的计算式为

$$h = \frac{Q'}{A(T_w - T_m)} \tag{7-8}$$

式中，T_w 为壁面温度（K）；T_m 为冷却工质的平均温度（K）。

7.3.4　实验结果的不确定度

流过微通道热沉工质的整体 Nu 数定义为

$$Nu = \frac{h_m D_h}{\lambda} \tag{7-9}$$

整体对流换热系数 h_m 表达式为

$$h_m = \frac{Q'}{A_w \Delta T_m} = \frac{c_p \rho Q (T_{out} - T_{in})}{A_w [T_w - 0.5(T_{out} + T_{in})]} \tag{7-10}$$

$$\Delta T_m = T_w - 0.5(T_{out} + T_{in}) = \frac{1}{N} \sum_{i=1}^{n_i} \sum_{j=1}^{n_j} T_{ij} - 0.5(T_{out} + T_{in}) \tag{7-11}$$

式中：A_w 为微通道和工质的接触界面面积（mm^2），此处即为微通道的内壁面面积；工质所吸收的热量 Q' 通过流进和流出热沉的工质温度来计算；η 的值在整个实验过程中在 89%～95% 范围变化；ΔT_m 是微通道壁面和工质之间的平均温度差（K）；T_w 为选定面积内的壁面温度（K）；工质的平均温度 $T_m = (T_{in} + T_{out})/2$，此处忽略压力的影响。

因此确定整体 Nu 数，需要考虑 D_h、A_w、Q、$(T_{out} - T_{in})$、ΔT_m、c_p、ρ 以及 λ 的测量误差。进行标准误差分析，确定 Nu 时所产生的最大测量误差如表 7.3 所示。由表可知，本次实验中所获得的 Nu 误差不超过 5.25%。

表 7.3　测量误差范围

参　数	最大测量误差 / %	参　数	最大测量误差 / %
D_h	0.09	c_p	0.02
A_w	0.1	ρ	0.02
Q	1	λ	0.02
$T_{out} - T_{in}$	2	Nu	5.25
ΔT_m	2		

实验参数的测量结果可由不确定度分析得出。直接测量参数可以通过所对应测量仪器的测量误差直接得出。间接测量参数则需要进行误差传递计算，具体计算方法如下：

设函数 Y 为 n 个独立变量 x_1，x_2，$\cdots$，x_n 的函数：

$$Y = F(x_1, x_2, \cdots, x_n) \tag{7-12}$$

函数 Y 的误差为

$$\Delta Y = \left[\left(\frac{\partial F}{\partial x_1} \Delta x_1 \right)^2 + \left(\frac{\partial F}{\partial x_2} \Delta x_2 \right)^2 + \cdots + \left(\frac{\partial F}{\partial x_n} \Delta x_n \right)^2 \right] \tag{7-13}$$

Y 的相对误差为

$$\frac{\Delta Y}{Y} = \left[\left(\frac{1}{Y} \frac{\partial F}{\partial x_1} \Delta x_1 \right)^2 + \left(\frac{1}{Y} \frac{\partial F}{\partial x_2} \Delta x_2 \right)^2 + \cdots + \left(\frac{1}{Y} \frac{\partial F}{\partial x_n} \Delta x_n \right)^2 \right] \tag{7-14}$$

7.4　数值计算边界条件设定

结合双层微通道热沉整体构形的周期性特点与上下双层通道同向/逆向流工况特性，这里截取双层微通道热沉构形中一组上下对应的双层微通道为计算模型，以减小计算域内网格数量，缩短计算时间。

本章所采用数值模拟方法与本书第 6 章的相同，其控制方程在此不再赘述。

由于本章以及后续第 8、9 章的模型结构均为双层微通道热沉，因此双层微通道热沉中边界条件需要进一步描述。双层微通道热沉上层通道入口速度定义为 u_{u_in}；下层通道入口速度定义为 u_{l_in}；双层微通道热沉上下入口处平均温度分别定义为 T_{u_in} 和 T_{l_in}，$T_{u\_in} = T_{l\_in} = 287$ K。

本章内所有数值模型均以结构化网格划分，以传统双层构形为例。这里设计了 3 种不同网格尺寸进行结构化网格划分并进行独立性验证，其网格数分别为 1×10^6（网格 Ⅰ），1.5×10^6（网格 Ⅱ），2×10^6（网格 Ⅲ），如表 7.4 所示。

表 7.4　网格独立性验证，传统双层构形，$u_{in} = 2.32$ m/s

参数名称	网格 Ⅰ (1×10^6)	网格 Ⅱ (1.5×10^6)	网格 Ⅲ (2×10^6)
通道压降 Δp/Pa	58272.46	58357.31	58320.86
峰值温度 T_{max}/K	316.823	316.771	316.764
与网格 Ⅰ 的通道压降（峰值温度）对比值		0.0830%（0.0186%）	0.0624%（0.0022%）

每个测试模型中冷却工质的入口速度设定为 2.32 m/s。由表 7.4 可知，以网格 Ⅰ 为网格独立性验证基础模型，网格 Ⅱ 和网格 Ⅲ 中的通道压降 Δp、基底峰值温度 T_{max} 与网格 Ⅰ 中的偏差均小于 0.1%，表明网格 Ⅱ 的网格数划分已满足计算精度，且网格 Ⅱ 相较于网格 Ⅲ 计算时间更短。因此，选取与网格 Ⅱ 网格密度相似的网格分布对本章所有计算模型进行网格划分。

7.5 结果分析与对比

7.5.1 双层微通道构形对压降特性的影响

为探究不同微通道构形对系统压降特性的影响，图 7.4 给出了 3 种双层微通道热沉构形的出入口压降与入口流量关系。由图 7.4 可知，对于双层平直、双层截断与双层导流构形，实验测量与数值模拟的偏差分别为 4.45％、2.98％和 6.42％，表明实验测量与数值模拟吻合良好。实验与数值结果均表明：双层导流构形在相同入口流量下较双层平直构形存在更高压降，伴随入口流量逐渐增加，差距愈发明显。当入口流量 $Q=1.4$ L/min 时，实验测得双层导流构形的出入口压降为 1.53 kPa，比双层平直构形的高出 74.72％。这是由于导流结构在流动方向上占据了冷却工质流动空间，导致通道入口处压降有所提升。对于双层截断构形，因其中间层周期性存在，使得通道内空间周期性扩大，导致其入口压降降低。在 0.6 L/min＜Q＜1.4 L/min 范围内，实验测量表明双层截断构形入口压降较双层平直构形的平均下降 17.93％，且二者差值随流量变化并不明显。

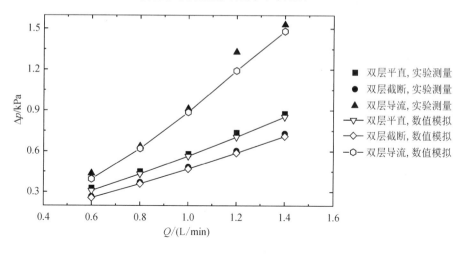

图 7.4 3 种构形的出入口压降与入口流量关系图

鉴于实验与数值结果关于通道压降吻合度较高，图 7.5 给出了 3 种构形在 $Q=1.2$ L/min 下的通道沿程压降分布图。由图 7.5 可知，双层平直与双层截断构形的沿程压降分布整体趋势相同。由于双层截断构形通道空间存在周期性扩大的问题，因此通道入口处压强较双层平直构形的降低了 22.02％。

双层导流构形通道内沿程压降特性曲线与前两者存在较大差异，沿 z 轴流向波动较大。在 0＜z/l＜1 范围内存在 4 处明显的陡降区，分别对应 4 处导流结构前缘。在冷却工质流经第 1 导流结构前缘处，即 $z/l=0.15$，陡降效果最明显，下降幅度达 55.11％，表明导流结构的引入对通道压降影响较大。

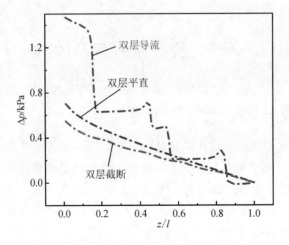

图 7.5　3 种构形的通道沿程压降分布图

7.5.2　双层微通道构形对温度分布特性的影响

微通道热沉基底沿程温度分布直接体现微通道内工质冷却效果。图 7.6 给出了 $Q=$ 1.2 L/min 条件下 3 种构形的基底温度分布云图。数值模拟结果表明，双层平直与双层截断构形的基底温度随流向增加均匀，且双层截断构形基底高温域较双层平直构形更小，但效果并不明显，说明双层截断构形对热沉基底温度梯度调控效果较弱。

双层导流构形基底峰值温度明显低于同条件下双层平直与双层截断构形的，表明双层通道内导流结构可有效利用上层通道冷却潜能降低基底峰值温度。基底温度梯度较低，表明导流结构对双层微通道基底调控作用显著，对 4 处导流结构相对应的基底位置温度梯度调控尤为明显。

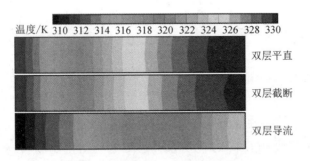

图 7.6　3 种构形的基底温度分布云图（$Q=1.2$ L/min）

图 7.7 分别给出了 $Q=0.8$ L/min 条件下实验测量与数值模拟的热沉基底中心线的沿程温度分布特性。3 种构形的实验测量与数值模拟结果吻合度较好，且基底沿程温度偏差均值分别控制在 1.08 K、0.98 K 和 2.12 K。3 种构形基底沿程温度变化趋势与图 7.6 对应。实验测得双层截断构形的基底峰值温度为 336.94 K，比双层平直构形的降低了 1.07 K，数值模拟结果显示双层截断构形的基底峰值温度为 335.95 K，相较双层平直构形的降低了 0.69 K，可见双层截断构形对降低热沉基底峰值温度效果并不明显。

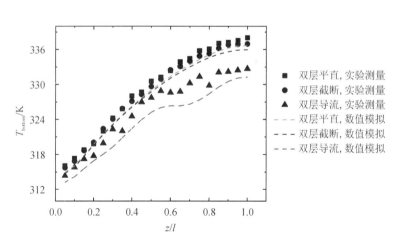

图 7.7 3 种构形的基底温度分布图($Q=0.8$ L/min，T_{bottom} 为基底温度)

针对双层导流构形，实验结果表明该构形在 $Q=0.8$ L/min 下的基底峰值温度仅为 332.71 K，比双层平直构形的降低了 5.3 K，其数值模拟结果显示峰值温度同比降低 5.7 K。实验与数值模拟结果均表明该构形内的导流结构对基底峰值温度调控作用十分显著。在双层导流构形的基底平面内，存在导流结构对基底温度的调控区域 $0.5<z/l<0.8$，该区域内基底温度上升幅度明显下降，表明导流结构不仅对基底峰值温度调控明显，还对 z 轴方向沿程温度的上升趋势有显著抑制效果。

为进一步阐释导流结构对微通道热沉温度分布的调控作用，图 7.8 给出了 $Q=0.8$ L/min 时导流结构沿 z 轴不同截面的温度分布云图。由图发现导流结构将冷却工质导入下层通道，导致下层通道壁面温度明显降低。这是由于冷却工质经导流结构距热源基底更近，对下层通道内温度边界层重构更明显。此外，导流结构将冷却工质流动空间压缩，对应通道近壁面处热边界层变化更剧烈，换热效果更突出。

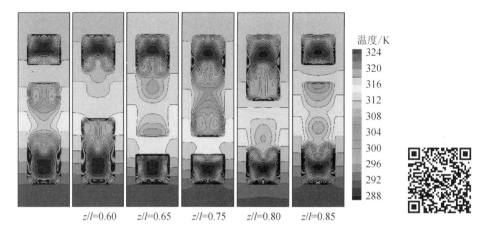

图 7.8 双层导流结构沿 z 轴截面温度分布云图($Q=0.8$ L/min)

7.5.3 双层微通道构形对全局散热特性的影响

为评估 3 种构形的整体散热特性，图 7.9 给出了微通道热沉平均 Nu 数随系统总流量大小的变化趋势。由图 7.9 可知，平均 Nu 数均随系统总流量 Q 增大而上升。实验与计算结果表明，双层平直与双层截断构形的平均 Nu 数偏差较小，分别在 3% 与 5% 以内；而双层导流构形的偏差相对较高，在 9% 以内；双层截断构形的平均 Nu 数较双层平直构形提升微弱，该特性曲线对流量变化的敏感度较低，表明双层截断构形对提升热沉整体散热特性意义不大。

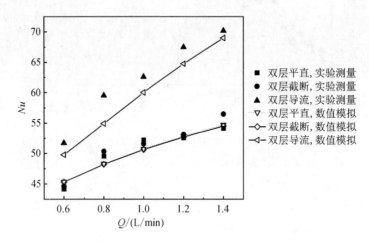

图 7.9　3 种双层微通道构形平均 Nu 数随系统总流量变化图

对比双层平直和双层截断构形，可发现双层导流构形的平均 Nu 数显著提升。以实验结果为例，当 $Q=0.8$ L/min 时，$Nu=59.56$，比双层平直与双层截断构形的分别提升了 20.14% 和 18.28%；当 $Q=1.4$ L/min 时，$Nu=70.17$，比双层平直与双层截断构形的分别提升了 29.61% 和 24.24%。这表明双层通道内的导流构形不仅对提升平均 Nu 数有明显效果，且该优势随入口流量增大而愈发显著。

微通道热沉的流动换热综合特性是权衡冷却工质在通道内散热优势与流动压降损失的重要参数。为此，图 7.10 给出了微通道热沉流动换热影响因子 $(Nu/Nu_0)/(\Delta p/\Delta p_0)^{1/3}$ 随入口流量的变化关系。

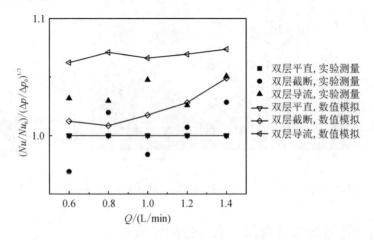

图 7.10　3 种构形的流动换热影响因子随入口流量变化图

从实验角度分析，双层截断构形的流动换热影响因子介于双层平直构形的流动换热影响因子之间，在所研究入口流量范围内平均差值在 3% 以内，表明双层截断构形并不具备明显优势。而双层导流构形的流动换热影响因子在所研究入口流量范围内平均提升 3.72%，当 $Q=1.4$ L/min 时，提升效果最为明显，达到 4.9%。从数值角度分析，双层截断构形的流动换热影响因子均值较实验结果高出 2.13%；双层导流构形的流动换热影响因子均值较实验结果高出 3.12%，可见二者数据吻合度较高。双层导流构形的流动换热影响因子均值较双层平直构形的高出 6.85%，当 $Q=1.4$ L/min 时，提升效果可达到 7.36%。这表明双层导流构形在流动换热综合特性上存在较大优势。

7.5.4　双层微通道流动特性对比

基于实验与数值模拟结果的一致性，本节借助数值模拟对比分析冷却工质在 3 种构形内的流动状态，旨在充分探究 3 种构形内冷却工质流动换热机理。

图 7.11 给出了 3 种构形在 $Q=0.8$ L/min 条件下的冷却工质流速分布云图。由图可知，双层平直构形内上下通道内冷却工质流动边界层较为稳定。由于中间层壁面周期性存在，冷却工质流经双层截断构形中间层时存在局部分流现象。然而，由于通道内没有导流结构，上层通道内冷却工质难以有效进入下层通道。因此，上层工质冷却潜力仍未有效利用。

对于双层导流构形，冷却工质流经导流结构后，下层通道混合了部分上层通道冷却工质，导流结构将下层通道空间压缩，导致工质流速经压缩空间后迅速提升。由图 7.11 可知，下层冷却工质加速效果要强于上层通道，表明上层通道内的部分冷却工质经导流结构有效进入下层通道。

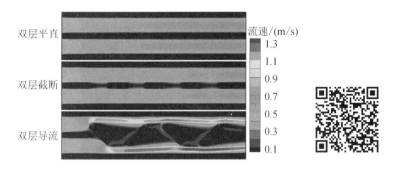

图 7.11　3 种构形内冷却工质流速分布云图（$Q=0.8$ L/min）

为详细阐述冷却工质在导流结构影响下的流动特性规律，图 7.12 给出了冷却工质流经双层导流结构时沿 z 轴截面的流速分布。由图可发现导流结构前缘（$z/l=0.55$）将上层通道冷却工质分为两部分，由于导流结构占据上层通道，导致上层通道工质高速区大于下层通道，导流结构逐步将一部分冷却工质导入下层通道内，如图 7.12 中 $z/l=0.60$ 所示，导流结构逐步压缩下层通道空间，工质流速边界层变化大于上层边界层；当冷却工质被导流至下层通道后与下层通道工质混合并加速流出导流结构后缘，其流速边界层变化最为剧烈，如图 7.12 中 $z/l=0.65$ 所示。图 7.12 中 $0.75<z/l<0.85$ 则为下层冷却工质经导流

结构向上的导流过程,其流速变化可视作在 $0.55 < z/l < 0.65$ 范围内的逆过程,此处不再赘述。数值模拟结果表明,由于冷却工质经导流结构可迅速重构流速边界层,有效冷却下层通道,因此对基底温度调控效果显著。

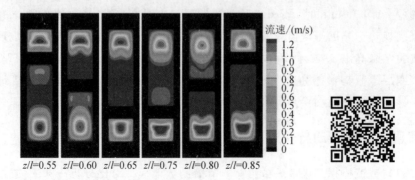

图 7.12　双层导流结构沿 z 轴截面流速分布云图($Q = 0.8$ L/min)

第8章　微通道内复杂交错结构对流换热分析

8.1　问 题 描 述

双层交错平直构形内空间交错结构的具体参数对微通道局部及整体换热特性影响仍有待深入探究。为此，本章首先构建空间交错结构位距与交错节点数物理模型，继而借助三维数值模拟方法从空间定位与结构数量两方面对影响微通道整体换热特性的空间交错结构进行参数化分析，通过引入熵产最小化概念从热力学角度深入剖析空间交错结构强化换热本质。

8.2　数 值 模 拟

8.2.1　物理模型描述

本节重点介绍在双层交错平直构形内空间交错结构中心点与 $z=0$ 平面位距大小 l_i^* 及该结构在双层交错平直构形中数量关系。其中，下角标 i 为位距数值，如图 8.1 所示。本章所涉及不同位距具体参数如表 8.1 所示。

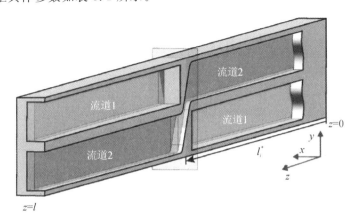

图 8.1　双层交错平直构形内空间交错结构位距 l_i^* 示意图

表 8.1　不同位距条件下双层交错平直构形 l_i^* 具体参数

构形名称	水力直径 D_h/mm	空间交错结构数量	l_i^*/mm	工质流经距离/mm
传统双层构形		0		20.000
双层交错平直构形 l_{04}^*			$l_{04}^* = 4$	
双层交错平直构形 l_{06}^*			$l_{06}^* = 6$	
双层交错平直构形 l_{06}^*	119.15	1	$l_{08}^* = 8$	20.172
双层交错平直构形 l_{10}^*			$l_{10}^* = 10$	
双层交错平直构形 l_{12}^*			$l_{12}^* = 12$	
双层交错平直构形 l_{14}^*			$l_{14}^* = 14$	
双层交错平直构形 l_{16}^*			$l_{16}^* = 16$	

　　图 8.2 给出了双层通道内空间交错结构数量及分布，在该节中，定义双层交错平直构形_k 含 k 个空间交错结构。定义 l_k 为空间交错结构间距。需要指出，双层交错平直构形_k 内空间交错结构均等间距分布。

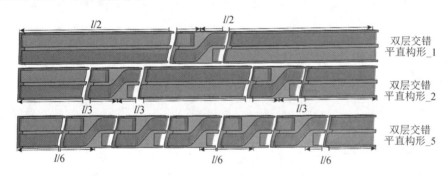

图 8.2　双层交错平直构形内空间交错结构数量示意图

　　如图 8.2 所示，图中以双层交错平直构形_1、双层交错平直构形_2 以及双层交错平直构形_5 为例，展示空间交错结构数量及其分布特点。本章第 8.4 节内容共涉及 6 个双层微通道热沉物理模型，包含基本参考模型，即传统双层构形，具体参数如表 8.2 所示。

表 8.2　双层交错平直构形_k 内空间交错结构数量具体参数

构形名称	水力直径 D_h/mm	空间交错结构数量	l_k/mm	通道长度/mm
传统双层构形		0	20.000	20.000
双层交错平直构形_1		1	$l_1 = 10.000$	20.172
双层交错平直构形_2		2	$l_2 = 6.667$	20.346
双层交错平直构形_3	119.15	3	$l_3 = 5.000$	20.521
双层交错平直构形_4		4	$l_4 = 4.000$	20.697
双层交错平直构形_5		5	$l_5 = 3.334$	20.874

8.2.2　基于双层交错构形的熵产模型描述

微通道内流体强制对流换热是在温差与压差共同作用下产生的。由于该强制对流换热为典型的不可逆传递过程，热沉系统内必然引发熵产。由于热能在转化为机械能或电能过程中的中间环节多，因此转换效率低。由能量守恒定律可知，任何存在复杂结构的微通道热沉，当对流换热达到动态平衡时，基底表面热量等于冷却工质从系统内所带走的热量，这不能完全揭示微通道热沉强化换热的本质。从热力学角度分析，流体流动与热沉基底吸热过程中必然存在能量传递与转换。因此，从该角度出发评价微通道综合换热特性并结合热力学第二定律指出微通道内部强化换热的本质，可为微通道热沉总体优化设计提供较为完整的热力学理论基础。

由能量守恒定律可知，在忽略热损失情况下，当热沉工作在稳定状态时，微通道内出口冷却工质所吸收的热量恒等于热沉基底的加热量。然而热能与机械能、电能等其他形式的能量不同，其本质为一种低级的能量，在传递过程中不能完全被利用。在微通道流体对流换热过程中，实际存在一部分热能用于冷却工质内部的黏性耗散效应，该效应导致冷却工质的温度上升，犹如在微通道热沉内部增加了一个热源。此外，热沉基底与冷却工质间由于温差所导致的不可逆性，也将引起整体热沉系统热能品质下降，阻碍微通道内换热的有效进行。因此有必要从热力学角度分析影响热能传递的本质因素，提高能量的综合利用率。本节从熵产理论的角度分析微通道内流体流动与换热过程中热能的利用率，找出影响换热的主要因素，从而指导热沉的改进设计。

微通道内冷却工质可看成由连续微元流体组成的。这里从体积熵产率为基本单位计算通道内点熵产率。通道内点熵产率$(\dot{S})$由两类不可逆因素组成：冷却工质流动所导致的摩擦损失$(\dot{S}_{\Delta p})$与换热不可逆导致的热损失$(\dot{S}_{\Delta T})$，具体表达式为

$$\dot{S} = \dot{S}_{\Delta p} + \dot{S}_{\Delta T} \tag{8-1}$$

$$\dot{S}_{\Delta T} = \frac{\lambda}{T^2} \left[\left(\frac{\partial T}{\partial x} \right)^2 + \left(\frac{\partial T}{\partial y} \right)^2 + \left(\frac{\partial T}{\partial z} \right)^2 \right] \tag{8-2}$$

式中，

$$\dot{S}_{\Delta p} = \frac{\mu}{T} \left\{ 2 \left[\left(\frac{\partial u}{\partial x} \right)^2 + \left(\frac{\partial v}{\partial y} \right)^2 + \left(\frac{\partial w}{\partial z} \right)^2 \right] + \left(\frac{\partial u}{\partial y} + \frac{\partial v}{\partial x} \right)^2 + \left(\frac{\partial u}{\partial z} + \frac{\partial w}{\partial x} \right)^2 + \left(\frac{\partial v}{\partial z} + \frac{\partial w}{\partial y} \right)^2 \right\} \tag{8-3}$$

由式$(8-1)$~式$(8-3)$可知，温度梯度与速度梯度皆对体积熵产率有明显影响。然而，在实验条件下，冷却工质中每个点的温度与速度较难获取，因此，需通过其他更容易测量的数值表示熵产率。

结合热力学第二定律，在等截面微通道内任取通道内微小单元控制体I_{cv}，冷却工质流经热源基底时微通道所产生的熵产率可分为两个部分，即冷却工质与基底热源面换热所导致的换热熵产率和冷却工质与微通道摩擦而导致的流动熵产率。由热力学第二定律可知，流固界面热传递所引起的换热熵产率计算公式为

$$\dot{S}_{\Delta T} = \frac{Q'}{T} - \frac{Q'}{T_m} = \frac{Q'(T_m - T)}{T_m T} \tag{8-4}$$

$$Q' = q_w A_w \tag{8-5}$$

在绝热条件下冷却工质流动所引起的熵产率涵盖两部分：由流动不可逆性导致的熵产和质量流量通过控制体而导致的熵产。据此，结合热力学第一、第二定律可得到绝热条件下微通道内冷却工质流动的熵产率公式为

$$\frac{dI_{cv}}{d\tau} = \dot{m}\left(dh + \frac{du^2}{2} + g\,dz\right) \tag{8-6}$$

$$\frac{dS}{d\tau} = \dot{m}\,ds + d\dot{S}_{\Delta p} \tag{8-7}$$

考虑不可压缩流体稳定流动状态以及忽略动能与热能变化，式(8-6)和式(8-7)可简化为

$$dh' = 0 \tag{8-8}$$

$$\dot{m}\,ds = -d\dot{S}_{\Delta p} \tag{8-9}$$

结合 Gibbs 方程，有

$$T\,ds = dh' - \frac{dp}{\rho} \tag{8-10}$$

其中，s 为冷却工质比熵(kJ·kg^{-1}·K^{-1})；h' 为冷却工质比焓(kJ·kg^{-1})；$\dot{m}$ 为质量流量(kg·s^{-1})。由式(8-2)～式(8-10)可得

$$\dot{S}_{\Delta p} = -\dot{m}\left(\int_{p_{in}}^{p_{out}} \frac{1}{\rho T}\,dp\right) = \frac{\dot{m}}{\rho T}\Delta p \tag{8-11}$$

结合式(8-1)～式(8-11)可知，冷却工质在微通道内流经热源基底的总熵产表达式如下：

$$\dot{S} = \dot{S}_{\Delta p} + \dot{S}_{\Delta T} = \frac{Q(T_w - T)}{T_w T} + \frac{\dot{m}}{\rho T}\Delta p \tag{8-12}$$

上述内容为微通道内熵产模型的基本表示方法，具体到本节中双层交错构形内熵产计算公式，需结合物理模型进行详细推导。在双层微通道内，由通道基底热源所输入的热量与上下层冷却工质在微通道出口处所增加的热量相同，双层微通道热沉中总熵产为上层与下层微通道熵产之和。

与单层微通道熵产率分析类似，截取双层微通道热沉内微小单元控制体 I_{cv_d}，在三维空间条件下具有基底热源的双层微通道热沉能量方程可表示为

$$\rho c_p\left(u\frac{\partial T}{\partial x} + v\frac{\partial T}{\partial y} + w\frac{\partial T}{\partial z}\right) = \frac{\partial}{\partial x}\left(\lambda\frac{\partial T}{\partial x}\right) + \frac{\partial}{\partial y}\left(\lambda\frac{\partial T}{\partial y}\right) + \frac{\partial}{\partial z}\left(\lambda\frac{\partial T}{\partial z}\right) \tag{8-13}$$

式中，c_p 为冷却工质的定压比热容(kJ·kg^{-1}·K^{-1})。

根据 Gauss 定理，式(8-13)可改写为

$$\iiint_\Omega \rho c_p(\boldsymbol{U}\cdot\nabla T)\,dv = \iint_\Gamma \boldsymbol{n}\cdot(\lambda\cdot\nabla T)\,ds \tag{8-14}$$

式中，$\boldsymbol{n}$ 为积分表面的法向量；$\boldsymbol{U}$ 为流体流速矢量。由能量守恒定理可知，从热沉基底输入的热量等于上下层微通道在出口处所带出热量的总和。以本章中一个数值研究单元为例，一组双层微通道外表面 Γ 可由六个面组成，即上层与下层通道进出口所在平面、上表面与热沉基底表面以及左右侧平面。

$$\iiint\limits_{\Omega} \rho c_p (\boldsymbol{U} \cdot \nabla T)\, \mathrm{d}v = \sum_{i=1}^{2} \iint\limits_{\text{in},\, i} \boldsymbol{n} \cdot (\lambda \cdot \nabla T)\, \mathrm{d}s + \sum_{i=1}^{2} \iint\limits_{\text{out},\, i} \boldsymbol{n} \cdot (\lambda \cdot \nabla T)\, \mathrm{d}s +$$

$$\iint\limits_{\text{right}} \boldsymbol{n} \cdot (\lambda \cdot \nabla T)\, \mathrm{d}s + \iint\limits_{\text{left}} \boldsymbol{n} \cdot (\lambda \cdot \nabla T)\, \mathrm{d}s + \iint\limits_{\text{top}} \boldsymbol{n} \cdot (\lambda \cdot \nabla T)\, \mathrm{d}s + \iint\limits_{\text{bottom}} \boldsymbol{n} \cdot (\lambda \cdot \nabla T)\, \mathrm{d}s$$

$$(8-15)$$

具体分析各表面热量传递情况，式（8-15）右边前两项为微通道进出口面冷却工质由于导热所引起的热量传递，可以忽略。且由于上表面及左右侧平面上冷却工质温度梯度为 0，因此式（8-15）可改写为

$$\iiint\limits_{\Omega} \rho c_p (\boldsymbol{U} \cdot \nabla T)\, \mathrm{d}v = \iint\limits_{\text{bottom}} \boldsymbol{n} \cdot (\lambda \cdot \nabla T)\, \mathrm{d}s \qquad (8-16)$$

由式（8-16）可知，冷却工质在双层微通道内换热量即基底加热量为

$$Q' = Q'_l + Q'_u = \dot{m}_l \cdot c_p (T_{l\_\text{out}} - T_{l\_\text{in}}) + \dot{m}_u \cdot c_p (T_{u\_\text{out}} - T_{u\_\text{in}}) \qquad (8-17)$$

式中，$\dot{m}_l$ 为下层冷却工质质量流量（$\mathrm{kg \cdot s^{-1}}$）；$\dot{m}_u$ 为上层冷却工质质量流量（$\mathrm{kg \cdot s^{-1}}$）；T_{l_in} 为冷却工质下层入口平均温度（K）；T_{l_out} 为冷却工质下层出口平均温度（K）；T_{u_in} 为冷却工质上层入口平均温度（K）；T_{l_out} 为冷却工质上层出口平均温度（K）。

由式（8-17）可知，热源将热量从基底传入热沉，靠近基底的下层冷却工质吸收部分热量，剩余热量继续由下至上传递，再由上层冷却工质带走。

结合热力学第一、第二定律可推导多层微通道热沉熵产模型。在基底恒定热流密度加热的工况条件下，冷却工质与基底热源面由于热量交换所导致的换热熵产率可表示为

$$\dot{S}_{\Delta T} = \sum_{i=1}^{n} \dot{S}_{\Delta T,\, i} = \sum_{i=1}^{n} \left(\frac{Q'_i}{T_i} - \frac{Q'_i}{T_m} \right) \qquad (8-18)$$

针对双层交错平直构形，根据其物理模型可知，$n=2$，且 $i=1$ 表示下层，$i=2$ 表示上层，则对于双层交错构形微通道热沉系统内换热熵产率可表示为

$$\dot{S}_{\Delta T} = \frac{Q_l (T_m - T_l)}{T_m T_l} + \frac{Q_u (T_m - T_u)}{T_m T_u} \qquad (8-19)$$

式中，T_m 为中间层板的平均温度（K）；T_l 为下层通道内冷却工质平均温度值（K）；T_u 为上层通道内冷却工质平均温度值（K）。

在多层微通道热沉系统内，由微通道内冷却工质与通道内壁间摩擦所产生的熵产率表达式为

$$\sum_{i=1}^{n} \frac{\mathrm{d}Q_{\text{cv}\_i}}{\mathrm{d}\tau} = \sum_{i=1}^{n} \dot{m}_i \left(\mathrm{d}h' + \frac{\mathrm{d}u^2}{2} + \mathrm{d}z \right) \qquad (8-20)$$

由质量流量通过控制体所导致的熵产率可表示为

$$\sum_{i=1}^{n} \frac{\mathrm{d}S_i}{\mathrm{d}\tau} + \sum_{i=1}^{n} \mathrm{d}\dot{S}_{\Delta p,\, i} = \sum_{i=1}^{n} \dot{m}_i \mathrm{d}s \qquad (8-21)$$

具体到本章所讨论的双层交错平直构形，式（8-20）与式（8-21）可表示为

$$\frac{\mathrm{d}Q_{\text{cv}\_l}}{\mathrm{d}\tau} + \frac{\mathrm{d}Q_{\text{cv}\_u}}{\mathrm{d}\tau} = \dot{m}_l \left(\mathrm{d}h' + \frac{\mathrm{d}u^2}{2} + \mathrm{d}z \right) + \dot{m}_u \left(\mathrm{d}h' + \frac{\mathrm{d}u^2}{2} + \mathrm{d}z \right) \qquad (8-22)$$

$$\frac{\mathrm{d}S_l}{\mathrm{d}\tau} + \frac{\mathrm{d}S_u}{\mathrm{d}\tau} + \mathrm{d}\dot{S}_{\Delta p,\, l} + \mathrm{d}\dot{S}_{\Delta p,\, u} = \dot{m}_l \mathrm{d}s + \dot{m}_u \mathrm{d}s \qquad (8-23)$$

考虑到微通道内冷却工质的不可压缩性，动能与势能的变化可以忽略不计。因此，式(8-22)与式(8-23)可简化为

$$\mathrm{d}h' = 0 \tag{8-24}$$

$$\mathrm{d}\dot{S}_{\Delta p,1} + \mathrm{d}\dot{S}_{\Delta p,u} = \dot{m}_1\mathrm{d}s + \dot{m}_u\mathrm{d}s \tag{8-25}$$

引入 Gibbs 方程可得

$$\mathrm{d}h' = T\mathrm{d}s + \frac{\mathrm{d}p}{\rho} \tag{8-26}$$

因此，双层交错平直构形内系统流动熵产率可表示为

$$\dot{S}_{\Delta p} = \dot{S}_{\Delta p,1} + \dot{S}_{\Delta p,u} = \frac{\dot{m}_1}{\rho T_1}\Delta p_1 + \frac{\dot{m}_u}{\rho T_u}\Delta p_u \tag{8-27}$$

综合式(8-19)与式(8-27)，双层交错平直构形内总熵产率表达式为

$$\dot{S} = \dot{S}_{\Delta p} + \dot{S}_{\Delta T} = \frac{Q_1(T_m - T_1)}{T_m T_1} + \frac{Q_u(T_m - T_u)}{T_m T_u} + \frac{\dot{m}_1}{\rho T_1}\Delta p_1 + \frac{\dot{m}_u}{\rho T_u}\Delta p_u \tag{8-28}$$

为评估冷却工质流经双层微通道热沉所引起的总熵产率相对大小，本章引入熵增比 $N_{s,a}$[121]，其表达式为

$$N_{s,a} = \frac{\dot{S}}{\dot{S}_0} \tag{8-29}$$

需要指出，当 $N_{s,a}$ 小于 1 时，说明双层微通道的不可逆损失小于传统双层构形微通道的。式中，$\dot{S}_0$ 为传统双层构形微通道的总熵产率。

8.3   通道交错结构位距对换热特性的影响

8.3.1   通道压降演变规律

图 8.3 为 8 种不同位距下微通道沿程压降特性曲线图，工质入口速度设定为 2.6 m/s。由本书第 7 章分析知，流体冷却工质在通道内沿程压降与流向工况并无关系，且由于双层通道

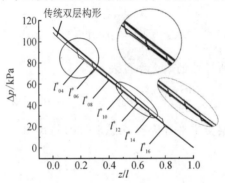

图 8.3   8 种不同位距下微通道沿程压降特性曲线图

几何参数一致，图 8.3 内每种模型仅以一组通道在同向流工况下沿程压降特性作为展示。

在通道入口端，即 $z/l=0$ 处，由于存在空间交错结构，所有双层交错平直构形的压降均高于传统双层构形的压降。限定 7 种双层交错平直构形内空间交错结构个数均为 1，导致上述 7 种双层交错平直构形在入口端，即 $z/l=0$ 处压降值基本相同。以双层交错平直构形 l_{10}^* 为例，其入口端压降值较传统双层构形高出 4.30%。由 8.2.1 节中模型描述可知，7 种双层交错平直构形位距设置为等幅增长，如图 8.3 中直观体现为位距依次增大且增幅相同的双层交错平直构形压降等距下降，图 8.3 内圆形及椭圆形放大图所示。

由于压降特性对系统泵功有直观影响，因此需探究泵功变化对热沉平均热阻的影响规律。由于下进上出逆向流工况下高温集中出现在基底中心，换热效果不及传统双层构形，所以下进上出逆向流为综合流动换热特性最低工况。本章不对下进上出逆向流工况的讨论，而着重对比同向流与上进下出逆向流工况的压降与换热特性。图 8.4 为上述两种工况下的泵功与平均热阻关系图。

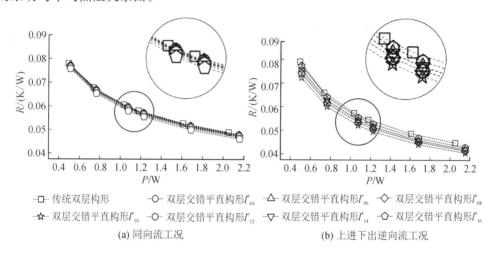

(a) 同向流工况　　　　　　　　　　　(b) 上进下出逆向流工况

图 8.4　两种工况下 8 种不同位距双层交错平直构形的平均热阻与泵功特性点线图

如图 8.4(a) 中放大图所示，在平均热阻相同条件下，双层交错平直构形 l_{16}^* 所需泵功最低。原因在于该构形双层微通道热沉的空间交错结构距出口端最近，仅为 4 mm，对基底近出口端高温域调控最明显。由 8.3.2 节中对热沉基底峰值温度变化规律可知，同向流工况下基底峰值温度所在高温域集中在热沉出口端。由于双层交错平直构形 l_{16}^* 具有距出口端最近的空间交错结构，因此峰值温度相同调控效果下所需泵功最低。

在上进下出逆向流工况下，双层交错平直构形 l_{10}^* 在给定平均热阻条件下所需泵功值最低。其原因在于该交错结构处于通道中心位置，因此热沉基底温度更均匀且峰值温度更低，详细分析参见 8.3.2 节。

对比分析，两种工况条件下均呈现平均热阻随泵功增大而减小的规律，表明寻求较低平均热阻不可避免地会引起泵功上升，且上进下出逆向流工况下，此趋势更为明显，如图 8.4(b) 所示。伴随平均热阻的降低，上进下出逆向流工况所需泵功较同向流工况增加更少，表明该工况下双层微通道热沉具有更佳的散热稳定性。

8.3.2　基底温度场变化特性

　　为直观反映同向流与上进下出逆向流两种工况下双层微通道热沉基底温度场特性，图8.5分别给出了上述两种工况下热沉基底温度分布云图，入口速度 $u_{in}=1.88$ m/s。由图8.5的同向流基底温度云图可知，伴随空间交错结构位距增大，双层交错平直构形对应热沉基底区域温度调控效果增强。这是由于该结构距离双层微通道热沉出口端越近，对应基底高温域越明显，所以该结构控温效果越强。在该工况下，热沉基底温度沿流向整体变化趋势并未因空间交错结构位距改变而产生明显变化，仅该交错结构对应部分基底区域局部存在温度梯度重构。如图8.5的同向流基底温度分布云图所示，双层交错平直构形 l_{14}^{*} 的空间微通道交错结构对其局部基底区域温度场有明显调控。

　　上进下出逆向流工况下空间交错结构位距变化对热沉基底温度梯度重构十分显著。该交错结构的引入对降低基底峰值温度有明显效果，且伴随该交错结构逐渐向热沉基底中心靠近，基底峰值温度逐渐降低。当该交错结构逐渐远离基底中心位置时，峰值温度出现回升。由图8.5的上进下出逆向流基底温度分布云图可知，当 $l_{10}^{*}=10$ mm 时，相对应的热沉基底温度梯度最小且峰值温度最低。

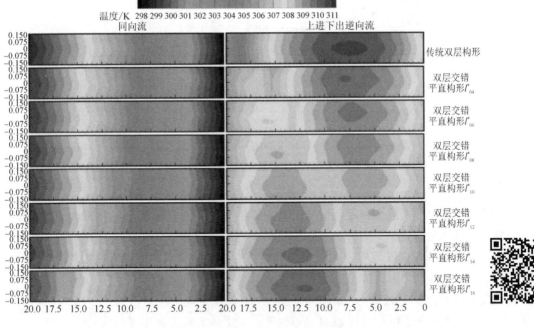

图 8.5　8 种不同位距下双层交错平直构形基底温度分布云图

　　图8.6通过热沉基底沿程温度分布进一步展示两种流向下双层交错平直构形在不同 l_i^{*} 影响下对基底峰值温度的调控。在同向流工况下，包括传统双层构形在内的 8 种双层微通道热沉峰值温度均出现在冷却工质出口端，如图8.6(a)所示，且该工况下空间交错结构对峰值温度的降低并不明显。表8.3列出了这 8 种不同位距双层微通道热沉基底峰值温度与平均温度。由表8.3可看出，在同向流工况下，对基底峰值温度调控效果最佳的双层交

错平直构形位距为 $l_{16}^* = 16$ mm。其基底峰值温度 $T_{\max} = 310.466$ K，较传统双层构形峰值温度仅降低 0.25%，可见该工况下空间交错结构位距对基底峰值温度调控作用微弱。

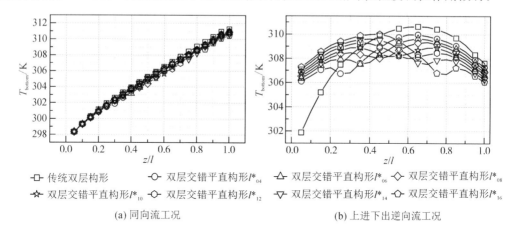

(a) 同向流工况　　　　　　　　(b) 上进下出逆向流工况

图 8.6　两种工况下 8 种构形双层微通道热沉沿程温度点线图

上进下出逆向流工况下，该空间交错结构位距对整体基底温度梯度调控作用十分明显，且对基底峰值温度调控效果更为显著，如图 8.6(b)所示。对比传统双层构形，基底峰值温度对空间交错结构位距变化响应迅速，且双层交错平直构形 l_{10}^* 由于其对称结构，其基底温度关于 $z/l = 0.5$ 呈对称分布，且峰值温度最低，为 308.885 K，较传统双层构形降低 1.778 K。由表 8.3 可知，上进下出逆向流工况下基底平均温度越高，则基底温度梯度越小，散热性能更优。

表 8.3　8 种不同位距双层微通道热沉基底温度(单位：K)

双层微通道热沉类型	基底峰值温度 $T_{\max}$		基底平均温度 T_{ave}	
	同向流	上进下出逆向流	同向流	上进下出逆向流
传统双层构形	311.247	310.633	305.379	308.449
双层交错平直构形 l_{04}^*	310.985	309.973	305.053	308.301
双层交错平直构形 l_{06}^*	310.917	309.641	305.032	308.240
双层交错平直构形 l_{08}^*	310.882	309.341	305.021	308.214
双层交错平直构形 l_{10}^*	310.834	308.885	305.006	308.180
双层交错平直构形 l_{12}^*	310.781	309.326	305.011	308.201
双层交错平直构形 l_{14}^*	310.650	309.610	305.018	308.238
双层交错平直构形 l_{16}^*	310.466	310.001	305.038	308.317

8.3.3　综合换热特性

图 8.7 给出了两种工况下平均 Nu 数随入口 Re 数变化规律。由第 8.3.2 节内容分析可知，双层交错平直构形 l_{16}^* 对热沉基底温度调控作用最大，在 $Re = 345.18$ 时，双层交错平直构形 l_{16}^* 所对应的平均 Nu 数为 16.101，相比同条件下传统双层构形与双层交错平直构

形 l_{04}^* 分别提升了 6.0% 和 4.1%，如图 8.7(a)所示。反观图 8.7(b)上进下出逆向流工况，由于工况与双层交错平直构形 l_{10}^* 结构均具有高度对称性，该构形平均 Nu 数优势最为明显，相比传统双层构形，其在 $Re=345.18$ 时平均 Nu 数提升最为显著，达到 10.96%。对比双层交错平直构形 l_{04}^*，其平均 Nu 数提升 6.0%，如图 8.7(b)所示。

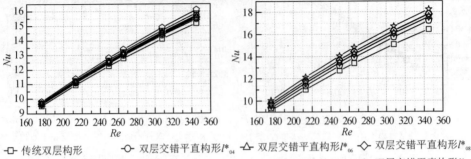

(a) 同向流工况　　　　　　　　　　　　(b) 上进下出逆向流工况

图 8.7　两种工况下 8 种构形双层微通道热沉 Nu 数与入口 Re 数关系图

对比图 8.7(a)与图 8.7(b)，空间交错结构位距对不同工况下 Nu 数均有提升，然而提升效率有较大区别。当入口处 $Re=308$ 时，以双层交错平直构形 l_{06}^* 为例，其在上进下出逆向流工况下，$Nu=16.055$，对比同向流工况效率提升仅为 11.30%。而对于双层交错平直构形 l_{10}^*，其在上进下出逆向流工况下，$Nu=16.709$，对比同向流工况效率提升达 15.12%，表明该位距下强化换热优势较为明显。当该交错结构位距 $l_i^*=14$ mm 时，双层交错平直构形 l_{14}^* 在上进下出逆向流工况下 $Nu=16.072$，对平均 Nu 数的提升回落至 9.39%。

对比分析综合换热特性影响因子 $\dfrac{Nu/Nu_0}{(\Delta p/\Delta p_0)^{1/3}}$，如图 8.8 所示，发现同向流工况下，双层交错平直构形 l_{04}^* 与双层交错平直构形 l_{06}^* 的 $\dfrac{Nu/Nu_0}{(\Delta p/\Delta p_0)^{1/3}}$ 数值较传统双层构形的低。以双层交错平直构形 l_{04}^* 为例，其 $\dfrac{Nu/Nu_0}{(\Delta p/\Delta p_0)^{1/3}}$ 当 $Re=308$ 时较传统双层构形低 0.5%。由图 8.8(a)可知，不同位距下 $\dfrac{Nu/Nu_0}{(\Delta p/\Delta p_0)^{1/3}}$ 随位距增大而升高，因为不同位距对入口压强影响不明显，而平均 Nu 数随位距增加而升高。当 $l_i^*=16$ mm 时，其综合换热特性优势最为明显，当 $Re=345.18$ 时，双层交错平直构形 $\_l_{16}^*$ 比传统双层构形综合换热特性优势提升 3.42%。

结合图 8.8(b)可知，在上进下出逆向流工况下，$\dfrac{Nu/Nu_0}{(\Delta p/\Delta p_0)^{1/3}}$ 随空间交错节点位距增加而先增大后减小，原因在于上进下出逆向流具有较为明显的对称性，且双层交错平直构形 l_{10}^* 关于空间交错结构具有中心对称特点，因此 $\dfrac{Nu/Nu_0}{(\Delta p/\Delta p_0)^{1/3}}$ 在位距 $l_i^*=10$ mm 时达到最优。当 $Re=265.52$ 时，其综合换热特性优势尤为显著，$\dfrac{Nu/Nu_0}{(\Delta p/\Delta p_0)^{1/3}}=1.084$，较传统双层构形提升 8.4%，可见在上进下出逆向流工况下通道中心即为空间交错结构最佳位距。

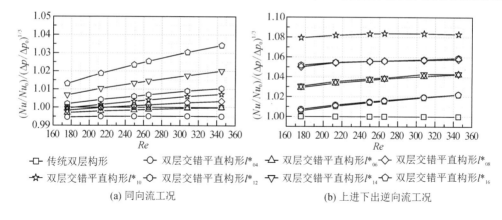

(a) 同向流工况　　　　　　　　　　　　　(b) 上进下出逆向流工况

图 8.8　两种工况下 8 种构形双层微通道热沉 $\dfrac{Nu/Nu_0}{(\Delta p/\Delta p_0)^{1/3}}$ 与入口处 Re 数关系图

图例：
- □ 传统双层构形
- ○ 双层交错平直构形 $l*_{04}$
- △ 双层交错平直构形 $l*_{06}$
- ◇ 双层交错平直构形 $l*_{08}$
- ☆ 双层交错平直构形 $l*_{10}$
- ⬡ 双层交错平直构形 $l*_{12}$
- ▽ 双层交错平直构形 $l*_{14}$
- ⬠ 双层交错平直构形 $l*_{16}$

8.4　空间交错结构数量对换热特性的影响

8.4.1　系统稳定性分析

空间交错结构数量 k 对通道沿程压降有较为明显的影响，如图 8.9 所示，冷却工质入口流速 $u_{in}=1.88$ m/s。在双层微通道热沉入口端，通道压降随空间交错结构数量增加而均匀增大，$k=5$ 时达到峰值，为 148.05 kPa。不同 k 值双层交错平直构形压降特性曲线均匀下降，当冷却工质流经空间交错结构时，通道内压降存在明显的陡降区域，且在不同通道内陡降幅度相同，如图 8.9 中放大图所示。

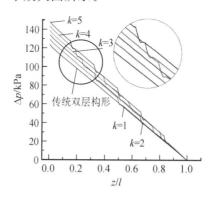

图 8.9　不同空间交错结构数量条件下微通道沿程压降特性曲线图

图 8.10 给出了不同 k 值条件下通道内泵功与流体冷却工质流速关系。由图 8.10 可知，在本章所述的入口流速范围内，随着流体冷却工质流速增加，具有不同空间交错结构数量的双层交错平直构形所需泵功变化较大，且差异越发明显。当入口流速 $u_{in}=1.32$ m/s 时，双层交错平直构形_5 所需泵功分别高出传统双层构形和双层交错平直构形_1 的 15.59% 和

11.93%,而当入口流速增大到 u_{in}=2.60 m/s 时,双层交错平直构形_5 所需泵功则高出传统双层构形和双层交错平直构形_1 的 20.09% 和 14.44%。可见空间交错结构数量对泵功具有较大影响,且 k 值对泵功的影响效率随冷却工质入口流速变化较为明显。

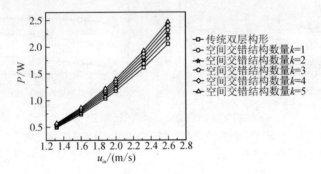

图 8.10   不同空间交错结构数量条件下泵功与流速点线图

平均热阻的降低直接导致系统泵功的增加,如图 8.11 所示。对比发现,5 种双层交错平直构形随着 k 值增加,热沉系统内平均热阻值的改善并不明显,却极易导致泵功显著增加。由图 8.11 初步推测在双层交错平直构形内增加空间交错结构数量对热沉整体散热效果影响并不显著。

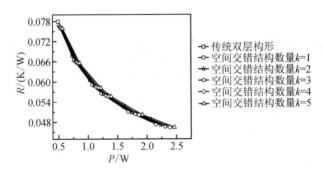

图 8.11   不同空间交错结构数量条件下泵功与平均热阻点线图

8.4.2   基底温度梯度调控

空间交错结构数量 k 值变化对热沉基底温度调控是本节分析的重点内容,其具体温度分布如图 8.12 所示。由图 8.12 可知,k 值的变化在该工况下对基底温度梯度分布影响并不明显。出口端所对应基底高温域变化微弱,且峰值温度始终维持在 312 K 上下,可见 k 值变化对基底峰值温度影响甚微,且热沉基底整体温度梯度对空间交错结构数目变化响应不明显。

对比图 8.12 可发现,上进下出逆向流工况下基底温度梯度对 k 值变化响应明显。随着 k 值增加,基底高温域呈现向基底中心区域聚集的趋势。以双层交错平直构形_3 为例,其高温域在 3 个等节距空间交错结构作用下集中在热沉基底中心区域。基底温度从中心段沿两侧方向迅速下降,表明该构形下热沉基底温度梯度过大。此效应将直接导致基底产生过大热应力,使得基底平面产生翘曲现象,影响热沉工作有效性。从图 8.12 中可以发现,上进下出逆向流工况下 k 值增加对高温域内峰值温度调控效果强于同向流工况。

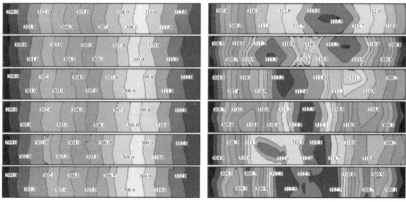

传统双层构形

双层交错平
直构形_1

双层交错平
直构形_2

双层交错平
直构形_3

双层交错平
直构形_4

双层交错平
直构形_5

同向流工况　　　　　　　　　　上进下出逆向流工况

图 8.12　两种工况下空间交错结构数量对双层微通道热沉基底温度调控云图

图 8.13(a)反映了在同向流条件下 5 种双层微通道热沉基底中心线温度对空间交错结构数量响应情况。随着 k 值的增加，基底沿程温度变化规律不明显，可见该交错结构在沿程温度变化作用中所体现的控温效果有限。

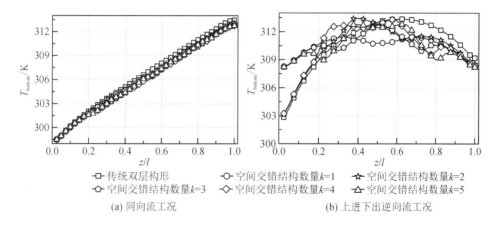

(a) 同向流工况　　　　　　　　　(b) 上进下出逆向流工况

图 8.13　两种工况下空间交错结构数量对双层微通道热沉基底中心线温度沿程调控点线图

而图 8.13(b)中，空间交错结构数量对基底中心线温度调控作用十分明显。当该结构仅在双层微通道热沉中间位置出现时，如图 8.13(b)双层交错平直构形_1 所示，基底峰值温度与最低温度温差值最小，表明该热沉基底温度梯度最小，热应力最小。而 k 值的增加对应热沉基底峰值温度升高，表明在双层交错平直构形内增加空间交错结构对降低基底峰值温度存在负面影响，且伴随 k 值增加，热沉基底温度梯度也逐渐扩大，引起基底内部热应力增大，导致系统稳定性下降。

结合表 8.4 中关于不同 k 值双层微通道热沉基底温度，可发现双层交错平直构形_5 在同向流工况下基底平均温度值最低，然而其优势并不明显。表明同向流工况下 k 值的增加可稍微降低基底平均温度，但调控范围十分有限。从同向流工况下对比不同 k 值基底内峰值温度与平均温度的差值平方($|T_{max}-T_{ave}|^2$)可发现多空间交错结构对基底温度梯度的影响有限。对比逆向流工况，显而易见，双层交错平直构形_1 基底峰值温度与平均温度的差

值平方$|T_{max}-T_{ave}|^2$最小,远低于传统双层构形与其他双层交错平直构形。伴随k值增加,$|T_{max}-T_{ave}|^2$波动较大且无明显变化规律。对比两种工况可知,逆向流较同向流基底峰值温度与平均温度的差值平方均有明显的降低。以双层交错平直构形_4为例,逆向流工况下$|T_{max}-T_{ave}|^2$较同向流工况降低75.59%;而双层交错平直构形_1在逆向流工况下比在同向流工况下$|T_{max}-T_{ave}|^2$降低了97.84%,换热效果十分显著。

表8.4　6种不同k值双层微通道热沉基底温度(单位:K)

双层微通道热沉类型	基底峰值温度T_{max}		基底平均温度T_{ave}		$\|T_{max}-T_{ave}\|^2$	
	同向流	逆向流	同向流	逆向流	同向流	逆向流
传统双层构形	313.422	313.341	307.053	310.766	40.573	6.626
双层交错平直构形_1	313.031	311.407	306.655	310.469	40.658	0.880
双层交错平直构形_2	312.927	312.802	306.576	310.427	40.332	5.644
双层交错平直构形_3	312.834	312.839	306.496	310.478	40.177	5.573
双层交错平直构形_4	312.762	313.291	306.454	310.441	39.788	8.121
双层交错平直构形_5	312.745	312.754	306.453	310.533	39.595	4.930

8.4.3　热沉综合强化换热

图8.14展示了同向流与逆向流工况下不同空间交错结构数量的微通道热沉平均Nu数与Re数的关系。由图8.14(a)可知,空间交错结构的引入使在同向流工况下的双层微通道热沉平均Nu数有明显提升。当$Re=345.18$时,双层交错平直构形_1的平均Nu数为15.66,较传统双层构形的高出3.16%。且伴随Re数增加,平均Nu数提升效果较均匀。平均Nu数随该空间交错结构数量的增加呈微小提升趋势。当$Re=345.18$时,双层交错平直构形_5的平均Nu数仅比双层交错平直构形_1的高出1.97%,可见在同向流工况下k值的增加对平均Nu数提升效果有限。

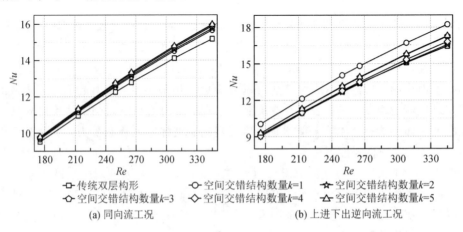

图8.14　两种工况下不同交错结构数量双层微通道热沉Nu数与Re数点线图

　　然而在逆向流工况下，平均 Nu 数的变化伴随 Re 数增加存在较大差异，如图 8.14(b) 所示。k 值变化对双层微通道热沉平均 Nu 数影响较大，双层交错平直构形平均 Nu 数随空间交错结构数量增加出现不同程度的下降趋势，且 Re 数越大，该趋势越明显。当 $Re=308$ 时，双层交错平直构形_4 的平均 Nu 数为 15.33，较双层交错平直构形_1 的下降 8.26%。由图(b)还可以看出，双层交错平直构形_1 的平均 Nu 数明显高于其他空间交错结构数量的微通道构形，表明增加在双层微通道热沉内增加交错结构数量难以提升热沉整体对流换热特性。

　　图 8.15 给出了逆向流工况中在不同交错结构数量影响下系统泵功与对流换热系数之间的定量关系。当不同交错结构数量双层交错平直构形处于逆向流工况时，结合双层微通道热沉流动阻力以及换热特性可以看出，当 $k=1$ 时，双层交错平直构形_1 综合换热特性明显高于传统双层构形，然而随着 k 值的增长，其综合换热特性均有显著下降。伴随双层微通道热沉系统泵功增长，上述趋势愈发明显。

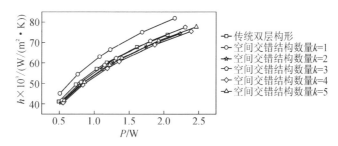

图 8.15　逆向流工况下不同交错结构数量双层微通道热沉对流换热系数与泵功关系图

　　为进一步说明交错结构数量对双层交错平直构形综合对流换热特性的影响，图 8.16 给出了逆向流工况下不同交错结构数量的双层交错平直构形对流换热影响因子与 Re 数之间的定量关系。需要指出，在图 8.16 内，传统双层构形对流换热特性曲线为 $\dfrac{Nu/Nu_0}{(\Delta p/\Delta p_0)^{1/3}}=1$ 的水平直线。

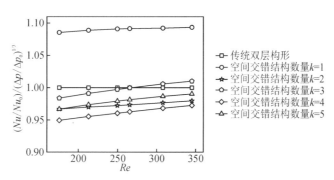

图 8.16　逆向流工况下不同交错结构数量的双层交错平直构形对流换热影响因子与 Re 数关系图

　　由图 8.16 可以看出，逆向流工况下双层交错平直构形_1 的对流换热影响因子最大。在 $175.68 < Re < 345.18$ 范围内，$\dfrac{Nu/Nu_0}{(\Delta p/\Delta p_0)^{1/3}}$ 平均值达 1.09，比传统双层构形的高出 9.04%，可见其对流换热综合特性提升最为明显。反观当 $k=2,4,5$ 时，对流换热影响因

子全程均小于传统双层构形的。仅当 $k=3$，$Re>265$ 时，双层交错平直构形_3 的对流换热影响因子略高于传统双层构形的，然而其数值仍远小于双层交错平直构形_1 的。当 $Re=345.18$ 时，双层交错平直构形_1 的 $\dfrac{Nu/Nu_0}{(\Delta p/\Delta p_0)^{1/3}}$ 值较双层交错平直构形_3 的高出 8.25%。

8.4.4 熵产最小化分析

为深入地探寻能量传递与转换规律，更准确、全面地评价微通道热沉的换热性能与效果，本节从热力学角度出发评价，以热力学第一定律作为评价微通道综合散热特性标准，结合热力学第二定律指出微通道内部强化换热的本质。

图 8.17 给出了两种工况下不同空间交错结构数量所引起的双层微通道热沉流动熵产率与换热熵产率随 Re 数变化曲线。图 8.17(a)、(b)共同趋势表明，流动熵产率随冷却工质入口处 Re 数增大而增大，表明随入口处 Re 数增大，通道压降增大，从而导致微通道冷却工质因摩擦而引起的不可逆损失相应增加；而换热熵产率随入口处 Re 数增加而相应降低。其原因在于基底温度与冷却工质温度不均衡而引起的换热熵产率会伴随冷却工质换热能力增强而逐渐削弱。

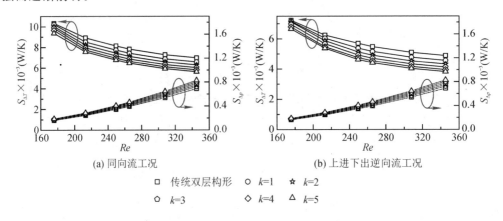

图 8.17 不同空间交错结构数量条件下流动熵产率以及换热熵产率与 Re 数关系图

对比分析不同空间交错结构数量对双层微通道热沉通道内的 $\dot{S}_{\Delta p}$ 与 $\dot{S}_{\Delta T}$ 的影响，发现空间交错结构数量 k 值增加将不可避免增加 $\dot{S}_{\Delta p}$。这是由于空间交错结构数量的增加对冷却工质导流效果更明显，所带来的流动阻力更强烈，$\dot{S}_{\Delta p}$ 会相应提高。以同向流工况中双层交错平直构形_5 为例，当 $Re=345.18$ 时，双层交错平直构形_5 的 $\dot{S}_{\Delta p}=0.828\times10^{-3}$ W/K，较传统双层构形与双层交错平直构形_1 的分别高出 20% 和 14.36%，由此可见，k 值的增加对流动熵产率的影响较为明显。对于双层微通道热沉内换热熵产率 $\dot{S}_{\Delta T}$，空间交错结构数量的增加在同向流工况下会强化结构换热能力，提升流体平均温度值，降低流体温度梯度净值，从而降低通道内换热熵产率 $\dot{S}_{\Delta T}$。而在逆向流工况下，其换热熵产率 $\dot{S}_{\Delta T}$ 较同向流工况降幅较大。双层交错平直构形_1 降幅为 30.55%；双层交错平直构形_5 降幅达32.10%。可见逆向流工况可显著降低冷却工质温度梯度净值，进而减小由换热所引起的不可逆损失。

　　为进一步分析空间交错结构数在不同工况下对双层微通道热沉整体熵产的影响,图 8.18 给出了不同 k 值随 Re 数变化与熵增比 $N_{s,a}$ 的定量关系。空间交错结构数量在两种工况下对熵增比 $N_{s,a}$ 的影响均较为明显。$N_{s,a}$ 随 k 值增大而降低,表明空间交错结构数量具有较强调控作用。主要原因是增加空间交错结构数量可有效增加冷却工质与壁面接触面积,使得冷却工质换热更加充分,工质平均温度更高,因而其温度梯度净值可得到有效控制,从而减少冷却工质在通道内流动换热过程中的不可逆损失。

　　对比图 8.18(a)与(b)发现,逆向流工况下同类型双层微通道热沉在相同 Re 数下入口熵增比 $N_{s,a}$ 均小于同向流工况的,表明逆向流工况可有效减小通道内冷却工质对流换热所引起的不可逆损失。其原因在于逆向流工况下可有效改善上下层通道内冷却工质温度梯度净值,进而降低双层微通道热沉总熵产率并有效提升能量利用率。

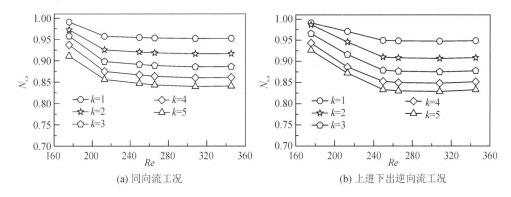

(a) 同向流工况　　　　　　　　　　(b) 上进下出逆向流工况

图 8.18　两种工况下 k 值对双层微通道热沉熵增比与 Re 数关系图

第9章 X形双层交叉构形微通道强化换热分析

9.1 问题描述

单个空间交错结构处于通道中心位距处整体流动换热特性最佳。然而，本书第6章研究内容中分叉片扰流效应在该空间交错导流结构内并未充分体现，表明该类构形设计仍有提升空间。受本书第6章分叉片扰流与第8章空间交错结构导流效应启发，本章在最佳交错结构位距及数量基础上，提出一种基于双层交错平直构形的"X形双层交叉构形微通道热沉"。通过构建该构形物理模型，借助三维数值方法深入分析冷却工质在X形双层交叉构形内对流换热特性，阐明改进后X形双层交叉构形整体对流换热机理。

9.2 X形双层交叉构形的物理模型描述

基于本书第7章以及第8章结构设计概念，充分结合分叉片扰流与空间交错结构导流特点，本章创新性地提出了X形双层交叉构形微通道热沉，如图9.1所示。一组通道定义为包含流道1与流道2沿 y 轴方向所对应的上下双层通道。X形交叉结构布置于该组通道 z 轴方向中心处。X形双层交叉构形由80组结构参数相同的通道组成，其微通道数总计为160。需要指出，X形双层交叉构形进出口端所有通道结构参数均相同，且通道横截面参数沿冷却工质流向保持恒定。具体参数如表9.1所示。

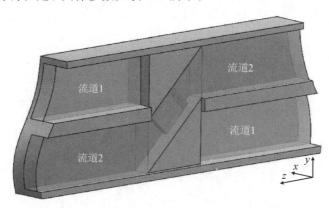

图 9.1 X形双层交叉构形微通道热沉示意图

表 9.1　X 形双层交叉构形整体物理模型与通道模型详细几何参数

几何参数	符号	数值/mm	几何参数	符号	数值/mm
热沉宽度	w	20	顶层厚度	t_{cp_x}	0.10
热沉长度	l	20	隔层厚度	t_{m_x}	0.05
热沉高度	h	1	基底厚度	t_{s_x}	0.05
通道宽度	w_{c_x}	0.13	侧壁面厚度	t_{w_x}	0.12
通道高度	h_{c_x}	0.4			

　　X 形交叉结构与空间交错结构的最大区别在于前者每组通道在由上层通道至下层通道导流时存在交叉重合区，而空间交错结构仅存在导流效应。由于 X 形交叉结构上下层通道连通，冷却工质在该结构处存在类似分叉片的扰流效应，因此其扰流效果取决于 X 形交叉结构中两通道重合度。

　　为更详细阐述 X 形交叉结构的空间构形与流道分布，图 9.2 给出了该结构流道三维示意图与重叠域平面二维截面示意图。由图 9.2(a)可知，X 形交叉结构同空间交错结构都具有导流效应，与之不同的是流道 1 与流道 2 在 X 形交叉结构内存在实质性空间交叉。因此，冷却工质在该结构内除具有导流效应外同样具备扰流效应。为定量分析该结构扰流效应强弱，本章设计 4 种不同交叉程度的 X 形交叉结构微通道热沉，其重叠域平面二维截面示意图如图 9.2(b)所示。

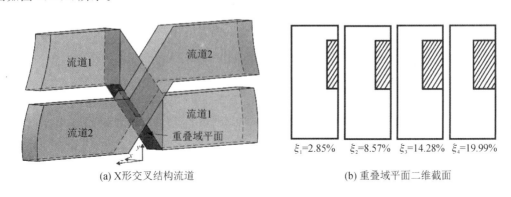

(a) X形交叉结构流道　　　　　　　　(b) 重叠域平面二维截面

图 9.2　X 形交叉结构流道三维示意图与重叠域平面二维截面示意图

　　为直观体现上述 X 形交叉结构上下通道在导流区域的重合度，这里引入 X 形交叉结构重叠率概念。由图 9.2 中(a)深色平面可得图 9.2(b)所示截面。图 9.2(b)中阴影面积可直观体现 X 形交叉结构上下通道在导流区域中的重合位置及大小。阴影区域外围矩形框为 X 形交叉结构导流斜面沿其截面法向投影，定义重叠率 ξ 为该投影平面内阴影区域面积与外围矩形框面积比值：

$$\xi = \frac{S_s}{S_c} \tag{9-1}$$

式中：S_s 为每组通道在导流处重合部分沿其截面法向投影区域面积(mm^2)；S_c 为 X 形交叉结构导流斜面沿其截面法向投影区域面积(mm^2)。

　　为探究上述内容所定义的重叠率 ξ 对 X 形双层交叉构形的对流换热特性的影响，本章设计 4 种不同 ξ 值所对应的 X 形双层交叉构形，即 X_1 形双层交叉构形、X_2 形双层交叉构形、X_3 形双层交叉构形和 X_4 形双层交叉构形，分别对应 $\xi=2.85\%$，8.57%，14.28%，19.99%，如图 9.2(b)所示。4 种 X 形双层交叉构形具体通道参数如表 9.2 所示。需要指出，伴随 X 形交叉结构重叠率的逐渐递增，X 形双层交叉构形内通道中心线与基底中心线夹角 δ 随之变小，而 X 形交叉结构导流角度 ω 始终维持在 137.73°，通道水力直径恒等于 196.23 mm。

表 9.2　4 种 X 形双层交叉构形通道内具体参数

构形类型	水力直径 D_h/mm	通道中心线与基底中心线夹角 δ/(°)	X 形交叉结构导流角度 ω/(°)	重叠率 ξ/%
传统双层构形				0
X_1 形双层交叉构形		0.383		2.85
X_2 形双层交叉构形	196.23	0.324		8.57
X_3 形双层交叉构形		0.265	137.73	14.28
X_4 形双层交叉构形		0.206		19.99

9.3　X 形双层交叉构形的基底散热特性

9.3.1　X 形双层交叉构形对热沉基底温度的调控

图 9.3 给出了两种工况条件下包含 4 种不同重叠率 X 形双层交叉构形以及传统双层构形的热沉基底温度分布云图。图 9.3(a)与图 9.3(b)分别为同向流以及上进下出逆向流工况下传统双层构形基底温度分布云图。其具体温度分布特性与本书第 8.3.2 节图 8.5 中传统双层构形基底温度分布相似，此处不作赘述。其主要作用为图 9.3(c)以及图 9.3(d)中 4 种不同重叠率 X 形双层交叉构形基底温度分布提供参照对比。后文有关传统双层构形作用均与此类似。

由图 9.3(c)可知，X 形交叉结构在同向流工况下对热沉基底温度分布调控显著，与图 9.3(a)中传统双层构形相比，其出口端对应基底峰值温度下降明显。在热沉基底中心区域处，由于 X 形交叉结构有导流与扰流作用，因此该结构对应的热沉基底中心区域处温度明显下降。对比 4 种不用重叠率的 X 形双层交叉构形可以发现，X 形双层交叉构形重叠率越高，在其 X 形交叉结构对应热沉基底中心区域处温度域调控面积越小，且热沉出口端对应的基底高温域越广。

对比图 9.3(c)与图 9.3(d)，上进下出逆向流工况下 X 形交叉结构在降低基底峰值温度上具有明显优势。由图 9.3(d)可知，由于上进下出逆向流工况具有对称性特点，因此在该工况下不同重叠率 X 形双层交叉构形基底温度分布均呈现关于基底中心区域对称现象。需要指出，在 X 形交叉结构所对应的基底中心区域，基底温度随 ξ 值增加而降低。这是因为在上进下出逆向流工况下重叠率较高意味着逆向流冷却工质在 X 形交叉结构内存在更为明显的扰流效应，从而提升该结构冷却散热性能，对基底温度调控更为显著。

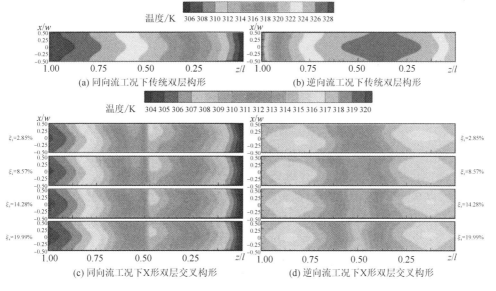

图 9.3　不同工况条件几种微通道构形对热沉基底温度云图的影响

为更直观通过数据反映热沉基底温度受 X 形交叉结构的影响，图 9.4 与表 9.3 分别给出了两种工况下热沉基底中心线沿程温度分布点线图及不同重叠率条件下双层微通道热沉基底峰值温度和平均温度。同向流工况下，X 形交叉结构体现了其在 X 形双层交叉构形中的散热优势。由图 9.4 可知，该结构在其相对应热沉基底中心，即 $z/l=0.5$ 处，对基底温度调控明显，且峰值温度较传统双层构形下降明显。以 X_3 形双层交叉构形为例，X 形交叉结构所对应的基底区域，其温度陡降幅度达 4.010 K，而 X_3 形双层交叉构形基底峰值温度为 320.240 K，较传统双层构形峰值温度下降 9.124 K。

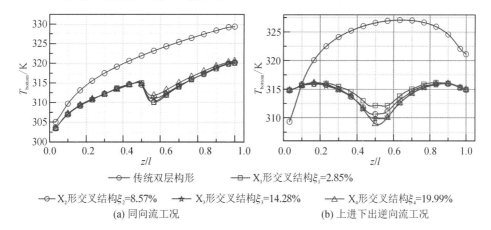

图 9.4　两种工况下热沉基底中心线沿程温度分布点线图

对比分析 ξ 值在同向流工况下对热沉基底温度沿程分布的影响，发现冷却工质在流经 X 形交叉结构前（$0<z/l<0.45$），所对应基底温度变化微弱；在流经不同 ξ 值的 X 形交叉结构时（$0.45<z/l<0.55$），所对应热沉基底温度下降幅度随 ξ 值增加而减小；流经该交叉结构后，对应基底温度逐渐回升，且至出口端基底峰值温度几乎不受 ξ 值影响。如表 9.3 所

示,不同重叠率条件下峰值温度差不超过 0.530 K。由此可见,在同向流工况下,ξ 值的变化对 X 形交叉结构对应基底温度调控有一定作用,然而对整体热沉基底区域峰值温度调控作用十分有限。

在上进下出逆向流工况下,如图 9.4(b)所示,由于 X 形双层交叉构形以及冷却工质流动工况均具有关于 X 形交叉结构空间中心点中心对称特点,因此图 9.4(b)中 4 种 ξ 值对应基底中心线沿程温度变化值均关于 z/l 对称。与同向流工况相似,ξ 值变化对热沉基底峰值温度调控作用微弱,这是因为基底峰值温度所出现区域离 X 形交叉结构对应基底位置较远。距离热沉基底中心位置越近,即基底区域越靠近 $z/l=0.5$,基底温度越低,表明 X 形交叉结构对基底调控作用较为明显,且伴随重叠率的增加,该结构在其对应基底区域内控温效果越显著。以 X_4 形双层交叉构形为例,其基底最低温度较 X_1 形双层交叉构形的降低 3.13 K。

表 9.3　4 种不同 ξ 值条件下双层微通道热沉基底温度(单位:K)

双层微通道热沉类型	基底峰值温度 T_{max}		基底平均温度 T_{ave}	
	同向流	上进下出逆向流	同向流	上进下出逆向流
传统双层构形	329.364	327.076	320.878	323.536
X_1 形双层交叉构形	320.083	316.148	313.168	314.785
X_2 形双层交叉构形	320.112	315.962	313.175	314.313
X_3 形双层交叉构形	320.240	316.031	313.294	314.097
X_4 形双层交叉构形	320.613	316.123	313.620	314.075

9.3.2　平均努塞尔数的特性分析

图 9.5 给出了两种工况下不同 ξ 值的热沉平均 Nu 数随 Re 数变化规律。首先,在两种工况下 X 形双层交叉构形对应热沉平均 Nu 数均有显著提升。以 $Re=587.54$ 条件下的 X_3 形双层交叉构形为例,在同向流工况下其 $Nu=10.248$,高于传统双层构形的 50.31%。上进下出逆向流工况下,其 $Nu=13.334$,相比于同工况条件传统双层构形提升 89.83%。由此可见,上进下出逆向流工况下 X 形交叉结构散热优势更为明显。

下面具体分析 X 形双层交叉构形内 X 形交叉结构重叠率对热沉平均 Nu 数特性的影响。由图 9.5(a)可知,热沉平均 Nu 数特性并未伴随 X 形交叉结构重叠率提高而增长,反而呈现略微下降趋势,可见 X 形交叉结构重叠率在同向流工况下增加局部扰流的同时并未带来 X 形双层交叉构形整体换热特性的提升。

对于上进下出逆向流工况,热沉平均 Nu 数在 $\xi=8.57\%$ 处达到最高值。当 $Re=509.20$ 时,X_2 形双层交叉构形对应热沉平均 Nu 数为 13.161,较 X_1 形双层交叉构形、X_3 形双层交叉构形以及 X_4 形双层交叉构形的分别高出 2.02%、0.66% 和 1.65%。可见,伴随 X 形交叉结构重叠率的增加,X 形双层交叉构形热沉平均 Nu 先增加后降低。本章设计的 4 种 X 形双层交叉构形,X_2 形双层交叉构形散热特性最优。

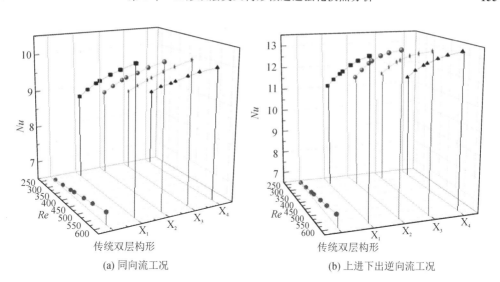

(a) 同向流工况　　　　　　　　(b) 上进下出逆向流工况

图 9.5　两种工况下不同重叠率的热沉平均 Nu 数与 Re 数关系

9.3.3　X 形双层交叉构形的总体散热性能评估

图 9.6 以对流换热影响因子 $\dfrac{Nu/Nu_0}{(\Delta p/\Delta p_0)^{1/3}}$ 评估 X 形双层交叉构形的综合散热特性。由

图 9.6(a) 可知，X 形交叉结构由于重叠率因素会额外引入冷却工质流动阻力与压强，然而

由于该结构散热优势极为显著，其对流换热影响因子 $\dfrac{Nu/Nu_0}{(\Delta p/\Delta p_0)^{1/3}}$ 较传统双层构形有实质

性提升。以 X_1 形双层交叉构形为例，在 $Re=587.54$ 条件下，其 $\dfrac{Nu/Nu_0}{(\Delta p/\Delta p_0)^{1/3}}=1.349$，较

传统双层构形高出 34.93%。对比同向流工况下 ξ 变化所引起的 $\dfrac{Nu/Nu_0}{(\Delta p/\Delta p_0)^{1/3}}$ 波动，发现对

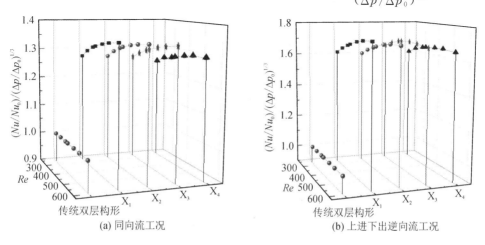

(a) 同向流工况　　　　　　　　(b) 上进下出逆向流工况

图 9.6　两种工况下不同重叠率 X 形双层交叉构形的对流换热影响因子随 Re 数变化点线图

流换热影响因子伴随 ξ 增加而降低，说明在该工况下重叠率增加所引起的流阻与压强较其所提升的换热特性更为明显，导致 $\dfrac{Nu/Nu_0}{(\Delta p/\Delta p_0)^{1/3}}$ 降低。

由图 9.6(b) 可以看出，X 形交叉结构对流换热优势在上进下出逆向流工况更为显著。随着 ξ 值增大，4 种 X 形双层交叉构形在本书所述 Re 数范围内平均对流换热影响因子 $\dfrac{Nu/Nu_0}{(\Delta p/\Delta p_0)^{1/3}}$ 分别较传统双层构形的高出 68.11%、66.25%、68.45% 和 64.44%。由上述数据可知，伴随重叠率增加 X 形双层交叉构形整体对流换热特性并无明显规律性变化。

9.4　X 形交叉结构强化换热机理

9.4.1　X 形交叉结构内流动边界层分布规律

为深入探究 X 形双层交叉构形内 X 形交叉结构对流换热特性提升的影响因素，本节主要针对该结构内冷却工质流经该交叉结构内边界层的扰流情况进行详细分析。

为更直观描述 X 形交叉结构的扰流状态，图 9.7 以 X_3 形双层交叉构形为例，给出了两种工况下 X 形交叉结构局部流动边界层三维云图。如图 9.7(a) 所示，在流经该交叉结构前冷却工质已在 X_3 形双层交叉构形前部通道内形成稳定边界层。

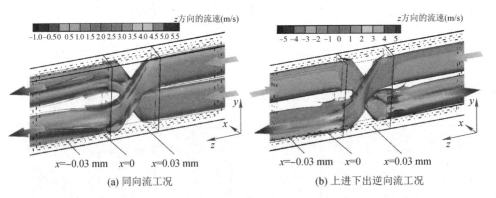

(a) 同向流工况　　　　　　　　　　(b) 上进下出逆向流工况

图 9.7　两种工况下 X_3 形双层交叉构形内 X 形交叉结构局部流动边界层三维云图

冷却工质在流经 X 形交叉结构重叠区域处固然存在显著扰流作用，且由于去离子水不可压缩性，冷却工质流经该交叉结构重叠域前，由该重叠域导致的扰流作用便已十分明显。如图 9.7(a) 所示，由于重叠域距该区域内通道侧壁较远，因此该重叠域所对应侧壁流固边界层扰动并不明显。

伴随上下层冷却工质在重叠域内充分扰流后，其扰流效应随着层流的发展而逐渐影响 X 形交叉结构后部边界层。在 X 形交叉结构末尾处，可见由 X 形交叉结构中心处重叠域所引起的扰流效应已明显发展至该处，且在 X 形交叉结构末尾处扰流效应最为显著。由于冷却工质流出该交叉结构后重新进入 X_3 形双层交叉构形双层平直通道区域，边界层扰流现象逐渐消失，重现冷却工质流经 X_3 形双层交叉构形前部通道内所形成的稳定边界层。

值得注意的是，X 形交叉结构内边界层对重叠域内扰流效应响应显著，对该结构中上下双层通道导流效应响应同样明显。

由图 9.7(b) 可见，冷却工质从上层通道两侧入口端流入 X 形交叉结构，其边界层状态与同向流状态类似，均在 X_3 形双层交叉构形上层通道处于稳定的层流状态。

当上层通道内冷却工质分别沿 z 正反方向进入 X 形交叉结构上层入口后，部分冷却工质便在重叠域内发生扰流效应。冷却工质在上进下出逆向流工况下沿正反方向进入 X 形交叉结构重叠域的夹角为 $95.46°$，而同向流工况下两者夹角为 $84.54°$。因此，上进下出逆向流工况下冷却工质在重叠域内扰流效应更为明显，且在进入下层通道之前，冷却工质流经上层通道时由于距热沉基底相对下层冷却工质较远，其冷却潜能仍有较大提升空间。该工况下由于冷却工质流经 X 形交叉结构时夹角更大，导致在重叠域内扰流更为明显，更加提升了冷却工质在该交叉结构内的对流换热能力。

在上进下出逆向流工况下，当冷却工质行经 X 形交叉结构末尾处时，其由该交叉结构重叠域内产生的扰流现象已明显扩散至各自下层入口端，由图 9.7(b) 所示，其流固壁面边界层受该扰流效应十分凸出，且较图 9.7(a) 中更明显。当冷却工质流经下层直通道后，其流固壁面边界层便恢复至稳定状态。

9.4.2　X 形交叉结构内流速分布特性

为进一步探究冷却工质流经 X 形交叉结构重叠域内部流速的具体分布情况，在基于第 9.4.1 节图 9.7 的基础上，图 9.8 给出了 X_3 形双层交叉构形沿流向竖直截面交叉结构内冷却工质流动二维截面云图。需要指出，图 9.8(a) 与 (b) 中相对应的二维截面云图与第 9.4.1 节中图 9.7(a) 与 (b) 所指定截面相同。$x=0$ 截面为沿 z 轴方向且垂直于 x-z 平面的 X_3 形双层交叉构形中心平面。相对应的 $x=-0.03$ mm 截面与 $x=0.03$ mm 截面分别为与 $x=0$ 截面距离 0.03 mm 的平面。需强调的是，该三处截面均包含 X 形交叉结构重叠域，以分析冷却工质在流经该重叠域时流速分布状态。

针对中心平面，可发现冷却工质在同向流工况下流经 X_3 形双层交叉构形内 X 形交叉结构时所示的流速分布关于中间层呈严格的对称现象。由同向流工况特点可知，冷却工质流速在进入 X 形交叉结构上下入口端前呈均匀分布，在进入该结构重叠域后，由于通道空间缩小，冷却工质流速骤然提高，如图 9.8(a) 中红色区域所示。由图 9.8 可知，冷却工质经过重叠域后，由于中间层与流向的共同影响，冷却工质在离开 X 形交叉结构后沿上下通道靠近中间层区域各形成一条高速尾迹区。随着冷却工质在 X_3 形双层交叉构形后半部分通道内进入平直通道，冷却工质流动状态逐渐稳定，高速尾迹区逐渐消失。

关于中心平面对称的 $x=-0.03$ mm 截面与 $x=0.03$ mm 截面，相对于 $x=0$ 截面更靠近通道壁面，冷却工质在其平面内受 X 形交叉结构导流与扰流的影响与 $x=0$ 平面内的大致相同。区别在于 $x=0$ 截面距 X 形交叉结构出口端上层内侧通道壁面较近，两股流体扰流更为明显，因此在该交叉结构出口端的上层内侧通道处高速流及其尾迹区更为突出；反之该交叉结构出口的下侧内侧通道处高速流及其尾迹区则出现减弱迹象。$x = 0.03$ mm 截面内流速分布与上述 $x = -0.03$ mm 截面正好相反，此处不再赘述。

对于上进下出逆向流工况，冷却工质在 X 形交叉结构内的流速分布状态则存在较为明显的正负值，这里以 z 轴正方向为冷却工质流速正方向。在图 9.8(b) 中可清楚地发现上层通道冷却工质呈反向流动状态进入 X 形交叉结构入口端。在冷却工质进入该交叉结构重叠域前，其在重叠域前部有小部分区域存在流速增加现象，如图 9.8(b) $x = 0$ 截面所示。

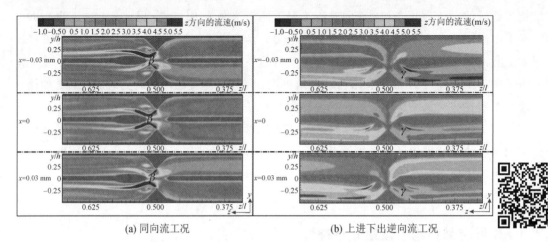

| (a) 同向流工况 | (b) 上进下出逆向流工况 |

图 9.8 两种工况下 X_3 形双层交叉构形沿流向竖直截面交叉结构内冷却工质流动二维云图

由于冷却工质在重叠域交汇扰流，因此沿 z 轴方向流速迅速衰减为零，其流速主要沿 y 轴负方向。当冷却工质流经 X 形交叉结构下层出口端时因导流效应获得沿 z 轴方向流速。

对比两种工况下冷却工质流经 X 形交叉结构时的导流以及扰流特性，可发现该结构在同向流及上进下出逆向流工况下均存在集中对流区域，且二者所对应区域有所差别。就同向流工况而言，集中对流换热区域集中在图 9.8(a) 中 β 处，该工况下上下两层通道冷却工质通过 X 形交叉结构均导向该处，且此处附近均为高速流。上进下出逆向流工况下，集中对流换热区域则在图 9.8(b) 中 γ 处，该工况下上层反向流冷却工质由 X 形交叉结构导向 γ 处，并在 γ 处通过导流将上层入口冷却工质导向 X 形交叉结构下层出口。

根据本章第 9.2 节所述，热源均匀布置于热沉基底平面，且基底平面直接连通于通道底层壁面。因此冷却工质可通过图 9.8(b) 中 γ 处与基底热流直接且高效地换热，从而佐证本章第 9.3.1 节中图 9.3(b) 中 X 形交叉结构对其所对应的热沉基底处温度具有高效的调控作用。

9.4.3 强化换热与泵功稳定性需求关系

为探究在双层微通道热沉内引入 X 形交叉结构在提升换热特性同时对系统压降及泵功

需求的影响，本小节首先给出了 4 种 X 形双层交叉构形与传统双层构形微通道热沉沿程压降特性三维曲线图，详见图 9.9。由图可以看出，在双层微通道热沉内引入 X 形交叉结构会不可避免地导致冷却工质在热沉入口端的压强提升，由图 9.9 可知，4 种 X 形双层交叉构形微通道热沉平均入口压强为 51.346 kPa，而传统双层构形微通道热沉入口压强则为 38.385 kPa。

对于不同重叠率的 X 形双层交叉构形而言，入口压强波动幅度较小。以 X_4 形双层交叉构形为例，对应入口压强为 51.724 kPa，较 X_1 形双层交叉构形对应入口压强仅高出 1.74%。可见，在 $0 < \xi < 20\%$ 范围内，X 形双层交叉构形微通道热沉入口压强的变化受 ξ 影响较小。

为更深入探究冷却工质流经 X 形交叉结构时的沿程压降变化规律，下面以图 9.9 中 X_1 形双层交叉构形中 X 形交叉结构所处范围（即 $0.45 < z/l < 0.55$）为例进行详细说明。当冷却工质流入该交叉结构入口端时，其沿程压降在小范围内因该交叉结构导流作用而呈陡降趋势，随后进入 X 形交叉结构重叠域时，因交叉通道内流动空间瞬间减小而陡然升高。当冷却工质流出该交叉结构重叠域后，通道恢复原有流动空间，因此沿程压降又呈现与刚流入 X 形交叉结构时的陡降趋势。当冷却工质流出该交叉结构时，沿程压降逐渐恢复均匀下降趋势。

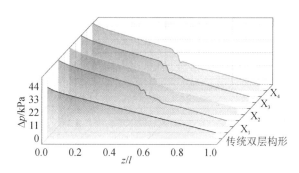

图 9.9　4 种 X 形双层交叉构形微通道热沉沿程压降特性三维曲线图

其他 3 种 X 形双层交叉构形内 X 形交叉结构沿程压降变化特性整体变化趋势相类似，区别在于随交叉结构重叠率 ξ 值上升，冷却工质流经交叉结构时沿程压降下降幅度更为明显。如图 9.9 所示，当 ξ 为 19.99% 时，对应沿程压降下降幅度为 8.426 kPa，较 ξ 为 2.85% 的 X_1 形双层交叉构形在相同区域降幅增长 41.54%。

在沿程压降基础上，为进一步揭示 X 形交叉结构在提升热沉散热特性基础上对热沉系统稳定性的影响，图 9.10 给出了不同 ξ 值下泵功与 Re 数的关系图。

由图 9.10 可知，X 形交叉结构对提升 X 形双层交叉构形整体泵功存在实质性影响。在 $Re = 313.355$ 条件下，X 形双层交叉构形平均泵功为 0.859 W，较传统双层构形提高了 24.42%，且伴随 Re 数增大，泵功需求的提升会更高。对比重叠率变化对泵功的具体影响，发现泵功对 ξ 值变化的响应并不明显。

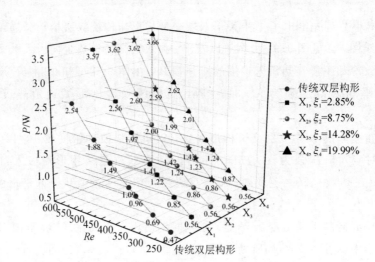

图 9.10   4 种不同重叠率 X 形双层交叉构形所需泵功与 *Re* 数点线图

图 9.11 给出了两种工况下整体泵功与平均热阻之间的定量关系。通过图 9.11 可以发现，在相同泵功情况下，处于上进下出逆向流工况的双层微通道热沉普遍较同向流工况具有更低的平均热阻，散热能力更佳，这与第 9.3.1 节分析结果相对应。该散热伴随系统泵功的增加而愈发明显。当泵功为 3.632 W 时，上进下出逆向流工况下 X_2 形双层交叉构形的平均热阻为 0.027 K/W，相比同条件下同向流工况的平均热阻降低了 15.02%。

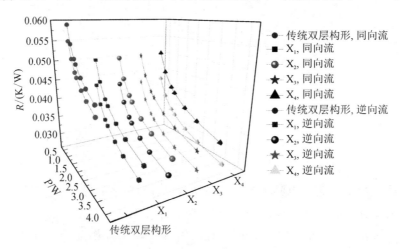

图 9.11   4 种 X 形双层交叉构形平均热阻与泵功点线图

参 考 文 献

[1] LORENZEN D，BONHAUS J. Micro thermal management of high-power diode laser bars［J］. IEEE Transactions on Industrial Electronics，2001，48 (2)：286 - 287.

[2] DONALD C. Price a review of selected thermal management solutions formilitary electronic systems[J]. IEEE Transactions on Components and Packaging Technologies，2003，26 (1)：26 - 39.

[3] OHADI M I. Augmentation of thin falling-film evaporation on horizontal tubes using an applied electic field[J]. J. Heat Transf.，2000，122：391 - 398.

[4] MOORE G E. Cramming more compoents onto integrated circuts[J]. Electronics，1965，38(8)：114 - 117.

[5] ELLSWORTH M I. Chip power density and moudule cooling technology projections for the current decade[C]. Inter Society Conference on Thermal Phenomena，2004，2.

[6] 杨邦朝，张经国. 多芯片组件技术(MCM)及其应用[M]. 西安：西安电子科技大学出版社，2001.

[7] SIENSKI K，EDEN R，SCHAEFER D. 3-D electronic interconnect packaging[C]. IEEE Aerospace Applications Conferenc Proceedings，1996，1：363 - 373.

[8] 姚寿广，马哲树，罗林，等. 电子电器设备中高效热管散热技术的研究现状及发展[J]. 华东船舶工业学院学报(自然科学版)，2003，8(4)：9 - 12.

[9] MUDAWAR I，ANDERSON T M. Parametric investigation into the effects of pressure，subcooling，surface augmentation and choice of coolant on pool boiling in the design of cooling systems for high-power density chips[J]. Lecture Notes in Mathematics，1990，843(6)：366 - 372.

[10] BERGLES A E，CHYU M C. Characteristics of nucleate boiling from porous metallic coatings[J]. J. Heat Transf.，1982，104：279 - 285.

[11] MARTO P J，LEPERE V J. Pool boiling heat transfer from enhanced surfaces to dielectric fluids[J]. J. Heat Transf.，1982，104：292 - 299.

[12] 刘启斌，张定才，何雅玲，等. R22 水平双侧强化管外大容器沸腾换热试验研究[C]. 中国工程热物理学会 2004 学术年会，2004，77 - 81.

[13] 张荣华，匡波，徐济鋆. 倾斜下表面过冷池沸腾实验研究[J]. 上海交通大学学报，2000，34(9)：1224 - 1227.

[14] BHUNIA A, BOUTROS K, CHEN Chung-Lung. High heat flux cooling solutions for thermal management of high power density gallium nitride HEMT[C]. 2004 Inter Society Conference on Thermal Phenomena.

[15] 余业珍，张靖周，杨卫华. 突片射流冲击冷却换热特性的实验[J]. 航空动力学报，2007，22(9)：1412 - 1416.

[16] 冷浩，郭烈锦，张西民，等. 圆形自由表面水射流冲击换热特性[J]. 化工学报，2003，54(11)，1510 - 1512.

[17] 田忠. 高速淹没射流冲击压强的试验和数值模拟研究[D]. 成都：四川大学，2003.

[18] CHOW L C, SEHMBEY M S. Thermal management issues in cry-electronics[C]. Intersociety Energy Conversion Engineering Conference, Washington, DC, LIS, 1996.

[19] KIM J. Spay cooling heat transfer: the state of the art[J]. In. J. Heat Fluid Flow, 2007, 28(4)：753 - 767.

[20] NASR G. SHARIEF R A, YULE A J. High pressure spray cooling of a moving surface[J]. J. Heat Transf. , 2006, 128：752 - 760.

[21] SHEDD T. A next generation spay cooling: high heat flux mangent in compact spaces[J]. Heat Tansfer Enginering, 2007, 28(2)：87 - 92.

[22] LIN L C, PONNAPPAN R. Critical heat flux of mutinozzale spay cooling in a closed loop[C]. ICEC, 2002：341 - 346.

[23] FERJANCIC K, GOIOBIC L. Surface effects on pool boiling CHF[J]. Experimental, Thermal and Fluid Science, 2002：565 - 571.

[24] RALPH L, WEBB L. Principles of enhanced heat transfer[M]. New York: John Wiiey & Sans, 1993：319 - 322.

[25] CIESIINSKI J T. Nucleate pool boiling on prous metallic coatings[J]. Experimental Thermal and Fluid Science, 2002, 25(7)：557 - 564.

[26] TUCKERMAN D B, PEASE R F W. High-performance heat sinking for VLSI[J]. IEEE Electron Device Letters, 1981, 2：126 - 129.

[27] HAN B, LIU T T, GAO Y. Research on fluid flow and heat transfer of the V-shaped microchannel heat sink[C]. Proceedings of the 2008 IEEE International Conference on Information and Automation, 2008.

[28] SOULAGES J, OLIVEIRA M S N, SOUSA P C, et al. Investigating the stability of viscoelastic stagnation flows in T-shaped microchannels[J]. Journal of on-Newtonian Fluid Mechanics, 2008.

[29] CELATA G P, CUMO M, GUGLIELMI M, et al. Experimental investigation of hydraulic and single phase heat transfer in 0. 130 mm capillary tube[J]. Microscale Thermophys. Eng. , 2002, 6：85 - 97.

[30] NG E Y K, POH S T. Investigative study of manifold microchannel heat sinks for

electronic cooling design[J]. Journal of Electronics Manufacturing，1999，9（2）：155 – 166.

[31] GAD E H M. The fluid mechanics of microdevices：the freeman scolar lecture[J]. ASME journal of Fluids Engineering，1999，121：5 – 33.

[32] 刘静. 微米/纳米尺度传热学[M]. 北京：科学出版社，2001：131 – 158.

[33] ALDER B J. WAINWRIGHT T E. Phase transition for a hardsphere system[J]. The Journal of Chemical Physics，1957，27：1208 – 1209.

[34] SUN W，SADIK K，YAZICIOGLU A G. A numerical study of single-phase convective heat transferin microtubes for slip flow[J]. International Journal of Thermal Sciences，2007，46（11）：1084 – 1094.

[35] ARKILIC E B，SCHMIDT M A J. Microelectromechanical Syst. 1997，6（2）：167.

[36] ECKERT E R G，DRAKE R M，JR. Analysis of heat and mass transfer[M]. New York：McGraw-Hill，1972：467 – 486.

[37] ZHANG G X，LIU M H，ZHANG X F，and et al. Continuum-based slip model and its validity for micro-channel flows[J]. Chin. Sci. Bull. ，2006，51（9）：1130 – 1137.

[38] BAO F B，LIN J Z，SHI X. Burnett simulation of flow and heat transfer in micro couette flow using second-order slip conditions[J]. Heat and Mass Transfer，2007，43（6）：559 – 566.

[39] BESKOK A，KARNIADAKIS G E. A model for flows in channels，pipes and ducts at micro and nano scale[J]. Microscale Thermophys. Eng. ，1999，3（1）：43 – 77.

[40] CHOI C H，JOHANA K，WESTIN A，et al. Apparent slip flows in hydrophilic and hydrophobic microchannels[J]. Phys. Fluids，2003，15（10）：2897 – 2900.

[41] ZHU Y X，GRANICK S. Rate-dependent slip of Newtonian liquid at smooth surfaces[J]. Phys. Rev. Lett. ，2001，87（9）：96 – 105.

[42] SMOLUCHOWSKI M V. Über wärmeleitung in verdünnten gasen[J]. Ann. Phys. 1898，300（1）：101 – 130.

[43] HADJICONSTANTINOU N G，SIMEK O. Constant-wall-temperature nusselt number in micro and nano-channels[J]. J. Heat Transf. ，2002，124（2）：356 – 364.

[44] ZHU X，LIAO Q. Heat transfer for laminar slip-flow in a microchannel of arbitrary cross section with complex thermal boundary conditions[J]. Appl. Therm. Eng. ，2006，26，（11/12）：1246 – 1256.

[45] YU S，AMEEL T A. Slip-flow heat transfer in rectangular microchannels[J]. Int. J. Heat Mass Transf. ，2001，44（22）：4225 – 4234.

[46] YU S，AMEEL T A. Slip-flow convection in isoflux rectangular microchannels[J]. J. Heat Transf. ，2002，124（2）：346 – 355.

[47] TUNC G，BAYAZITOGLU Y. Heat transfer in microtubes with viscous dissipation[J]. Int. J. Heat Mass Transf. ，2001，44（13）：2395 – 2403.

［48］ TUNC G，BAYAZITOGLU Y. Heat transfer in rectangular microchannels［J］. Int. J. Heat Mass Transf. ，2002，45(4) 765－773.

［49］ CROCE G，D'AGARO P，FILIPPO A. Compressibility and rarefaction effects on pressure drop in rough microchannels［C］. ASME Proceedings Paper，4th ICNMM，2006：499－506.

［50］ CAO B Y，CHEN M，GUO Z Y. Effect of surface roughness on gas flow in microchannels by molecular dynamics simulation［J］. Int. J. Eng. Sci. ，2006，44 (13/14)：927－937.

［51］ GUO Z Y，LI Z X. Size effect on single-phase channel flow and heat transfer at microscale［J］. Int. J. Heat Fluid Flow，2003，24(3)：284－298.

［52］ 唐桂华，何雅玲，陶文铨. 粗糙度与气体稀薄性对微尺度流动特性的影响［J］. 工程热物理学报，2006，27(2)：304－306.

［53］ 张春平. 粗糙度对微细通道内流动与换热特性影响的实验研究与理论分析［D］. 北京：中国科学院工程热物理研究所，2007.

［54］ WU H Y，CHENG P. An experimental study of convective heat transfer in silicon microchannels with different surface conditions［J］. Int. J. Heat Mass Transf. ，2003，46：2547－2556.

［55］ EBERT W A，SPARROW E M. Slip-flow in rectangular and annular ducts［J］. ASME J. Basic Eng，1965，87：1018－1024.

［56］ GUO Z Y，LI Z X. Size effect on single-phase channel flow and heat transfer at microscale［J］. Int. J. Heat Fluid Flow，2003，24(3)：284－298.

［57］ MAHULIKAR S P，HERWIG H，HAUSNER O，et al. Laminar gas microflow convection characteristics due to steep density gradients［J］. Europhys. Lett，2004，68(6)：811－817.

［58］ TURNER S E，LAM L C，FAGHRI M，et al. Experimental investigation of gas flow in microchannels［J］. J. Heat Transf. ，2004，126(5)：753－763.

［59］ MORINI G L，LORENZINI M，SALVIGNI S. Friction characteristics of compressible gas flows in microtubes［J］. Exp. Therm. Fluid Sci. ，2006，30(8)：733－744.

［60］ SUN H，FAGHRI M. Effects of rarefaction and compressibility of gaseous flow in microchannel using DSMC［J］. Numer. Heat Transf. A，2000，38(2)：153－168.

［61］ HADJICONSTANTINOU N G，SIMEK O. Constant-wall-temperature Nusselt number in micro and nano-channels［J］. J. Heat Transf. ，2002，124(2)：356－364.

［62］ MYONG R S，LOCKERBY D A，REESE J M. The effect of gaseous slip on microscale heat transfer：An extended Graetz problem［J］. Int. J. Heat Mass Transf. ，2006，49 (15－16)：2502－2512.

［63］ JEONG H，JEONG J. Extended Greaze problem including streamwise conduction and viscous dissipation in microchannel［J］. Int. J. Heat Mass Transf. ，2006，49

(13 - 14)：2151 - 2517.

[64] 甘云华，杨泽亮. 轴向导热对微通道内传热特性的影响[J]. 化工学学报，2008，59 (10)：2340 - 2346.

[65] LIU Z G, ZHAO Y H. Experimental study on influence of axial conductive heat on convective heat transfer in micro steel tube[J]. J. Beijing Univ. Technol., 2006, 32(12)：1125 - 1129.

[66] VARGO S E, MUNTZ E P, SHIFLETT G R, et al. Knudsen compressor as a micro-and macroscale vacuum pump without moving parts or fluids[J]. J. Vac. Sci. Technol. A, 1999, 17(4)：2308 - 2313.

[67] SPARROW E M, LIN S H. Laminar heat transfer in tubes under slip-flow conditions[J]. J. Heat Transf., 1962, 84(4)：363 - 369.

[68] AYDIN O, AVCI M. Heat and fluid flow characteristics of gases in micropipes[J]. Int. J. Heat Mass Transf., 2006, 49(9/10)：1723 - 1730.

[69] BARLETTA A, MAGYARI E. Thermal entrance heat transfer of an adiabatically prepared fluid with viscous dissipation in a tube with isothermal wall[J]. J. Heat Transf., 2006, 128(11)：1185 - 1193.

[70] YU S T, AMEEL A. A universal entrance Nusselt number for internal slip-flow [J]. Int. Commun. Heat Mass Transf., 2001, 28(7)：905 - 910.

[71] RENKSIZBULUT M, NIAZMAND H, TERCAN G. Slip-flow and heat transfer in rectangular microchannels with constant wall temperature[J]. Int. J. Therm. Sci, 45(9)：870 - 881.

[72] WU P, LITTLE W A. Measurement of friction factors for the flow of gases in very fine channels used for microminiature refrigerators[J]. Cryogenics, 1983, 24：273 - 277.

[73] WANG B X, PENG X F. Experimental investigation on liquid forced convection heat transfer through microchannels[J]. Int. J. Heat Mass Transf., 1994, 37(1)：73 - 82.

[74] BUCCI A, CELATA G P, CUMO M E, et al. Fluid flow and single-phase flow heat transfer of water in capillary tubes[C]. Proceedings of the Int. Conference on Minichannels and Microchannels, Rochester, USA, 2003.

[75] POTTER M C, WIGGERT D C. Mechanics of fluids[M]. Cengage Leorning, 2016.

[76] 王卫东. 面向 MEMS 设计的微流体流动特性研究[D]. 西安：西安电子科技大学，2007.

[77] 杨世铭，陶文铨. 传热学[M]. 3 版. 北京：高等教育出版社，1999：26 - 137.

[78] EBERT W A, SPARROW E M. Slip-flow in rectangular and annular ducts[J]. ASME J. Basic Eng., 1965, 87：1018 - 1024.

[79] GUO Z Y, LI Z X. Size effect on single-phase channel flow and heat transfer at microscale[J]. Int. J. Heat Fluid Flow, 2003, 24(3)：284 - 298.

[80] MAHULIKAR S P, HERWIG H, HAUSNER O, et al. Laminar gas microflow

convection characteristics due to steep density gradients[J]. Europhys Lett., 2004, 68(6): 811 – 817.

[81] ZHU X, LIAO Q, Heat transfer for laminar slip-flow in a microchannel of arbitrary cross section with complex thermal boundary conditions[J]. Appl. Therm. Eng., 2006, 26, (11/12): 1246 – 1256.

[82] HADJICONSTANTINOU N G, SIMEK O. Constant-wall-temperature Nusselt number in micro and nano-channels[J]. J. Heat Transf., 2002, 124(2): 356 – 364.

[83] 甘云华, 杨泽亮. 轴向导热对微通道内传热特性的影响[J]. 化工学学报, 2008, 59 (10): 2336 – 2340.

[84] LIU Z G, ZHAO Y H. Experimental study on influence of axial conductive heat on convective heat transfer in micro steel tube[J]. J Beijing Univ. Technol, 2006, 32 (12): 1125 – 1129.

[85] AYDIN O, AVCI M. Heat and fluid flow characteristics of gases in micropipes[J]. Int. J. Heat Mass Transf., 2006, 49(9/10): 1723 – 1730.

[86] BARLETTA A, MAGYARI E. Thermal entrance heat transfer of an adiabatically prepared fluid with viscous dissipation in a tube with isothermal wall[J]. J. Heat Transf., 2006, 128(11): 1185 – 1193.

[87] GRAETZ L. Uber die Warmeleitungsfahighe von Flussingkeiten[R]. Annalen Der Physik Und Chemie, 1883, 18: 79 – 94.

[88] BARLETTA A, MAGYARI E. Thermal entrance heat transfer of an adiabatically prepared fluid with viscous dissipation in a tube with isothermal wall[J]. J. Heat Transf., 2006, 128(11): 1185 – 1193.

[89] 王竹溪, 郭敦仁. 特殊函数概论[M]. 北京: 北京大学出版社, 2000: 289 – 325.

[90] 姚端正, 梁家宝. 数学物理方法[M]. 2 版. 武汉: 武汉大学出版社. 1997: 374 – 378.

[91] 杨世铭, 陶文铨. 传热学[M]. 3 版. 北京: 高等教育出版社, 1999: 26 – 137.

[92] INCROPERA F P, WITT P D, BERGMAN T L, et al. Fundamentals of Heat and Mass Transfer[M]. New Youk: John Wiley & Sons, 2006.

[93] 李志信, 过增元. 对流传热优化的场协同理论[M]. 北京: 科学出版社, 2010.

[94] POURRAMEZAN M, AJAM H. Modeling for thermal augmentation of turbulent flow in a circular tube fitted with twisted conical strip inserts[J]. Appl. Therm. Eng., 2016, 105: 509 – 518.

[95] LI P X, LIU P, LIU Z C. Experimental and numerical study on the heat transfer and flow performance for the circular tube fitted with drainage inserts[J]. Int. J. Heat Mass Transf., 2017, 107: 686 – 696.

[96] LEI Y G, ZHENG F, SONG C F, et al. Improving the thermal hydraulic performance of a circular tube by using punched delta-winglet vortex generators[J]. Int. J. Heat Mass Transf., 2017, 111: 299 – 311.

[97] ONI T O, PAUL M C. Numerical investigation of heat transfer and fluid flow of

water through a circular tube induced with divers tape inserts[J]. Appl. Therm. Eng. , 2015, 15: 157 – 168.

[98] ZHANG C C, WANG D B, ZHU Y J, et al. Numerical study on heat transfer and flow characteristics of a tube fitted with double spiral spring[J]. International Journal of Thermal Sciences, 2015, 94: 18 – 27.

[99] SCHULTZ R R, COLE R. Uncertainty analysis in boiling nucleation[C]. AIChE Symposium Series, 1979, 75: 32 – 39.

[100] KLINE S J, MCCLINTOCK F A. Describing uncertainties in single sample experiments[J]. Mechanical Engineering, 1953, 75: 385 – 387.

[101] SCHULTZ R R. Uncertainty analysis in boiling nucleation[J]. AIChE Symposium Series, 1980, 76: 310 – 317.

[102] LIU Y, CHEN H F, ZHANG H W, et al. Heat transfer performance of lotus-type porous copper heat sink with liquid GaInSn coolant[J]. Int. J. Heat Mass Transf. , 2015, 80: 605 – 613.

[103] GUO Z Y, LI D Y, WANG B X. A novel concept for convective heat transfer enhancement[J]. Int. J. Heat Mass Transf. , 1998, 41(14): 2221 – 2225.

[104] GUO Z. Mechanism and control of convective heat transfer[J]. Chinese Science Bulletin, 2001, 46(7): 596 – 599.

[105] LIU W, LIU Z C, GUO Z Y. Physical quantity synergy in laminar flow field of convective heat transfer and analysis of heat transfer enhancement[J]. Chinese Science Bulletin, 2009, 54(19): 3579 – 3586.

[106] WEI L, ZHICHUN L, TINGZHEN M, et al. Physical quantity synergy in laminar flow field and its application in heat transfer enhancement[J]. Int. J. Heat Mass Transf. , 2009, 52(19 – 20): 4669 – 4672.

[107] LIU H, LI H, HE Y, et al. Heat transfer and flow characteristics in a circular tube fitted with rectangular winglet vortex generators[J]. Int. J. Heat Mass Transf. , 2018, 126: 989 – 1006.

[108] ZHANG H, CHEN L, LIU Y, et al. Experimental study on heat transfer performance of lotus-type porous copper heat sink[J]. Int. J. Heat Mass Transf. , 2013, 56(1 – 2): 172 – 180.

[109] SCHULTZ R, COLE R. Uncertainty analysis in boiling nucleation[M]. AIChE Symposium Series, 1979.

[110] SCHULTZ R R. Uncertainty analysis in boiling nucleation[J]. AIChE Symposium, 1980, 76: 310 – 317.

[111] KLINE S J, MCCLINTOCK F A. Describing uncertainties in single sample experiments[J]. Mechanical Engineering, 1953, 75: 385 – 387.

[112] 何钦波, 童明伟, 刘玉东. DSC 法测量低温相变蓄冷纳米流体的比热容[J]. 制冷与空调, 2007, 4: 19 – 22.

[113] SI-SALAH S A, FILALI E G, DJELLOULI S. Numerical investigation of

Reynolds number and scaling effects in microchannels flows[J]. Journal of Hydrodynamics, 2017, 29(4): 647 - 658.

[114]　MEHENDALE S S, JACOBI A M. Fluid flow and heat transfer at micro-and meso-scales with application to heat exchanger design[J]. Applied Mechanics Reviews, 2000, 7(53): 175 - 193.

[115]　KANDLIKAR S G, GRANDE W J. Evolution of microchannel flow passages-thermohydraulic performance and fabrication technology[J]. Heat Transfer Engineering, 2003, 24(1): 3 - 17.

[116]　YANG Y T, LAI F H. Lattice Boltzmann simulation of heat transfer and fluid flow in a microchannel with nanofluids[J]. Heat and Mass Transfer, 2011, 47 (10): 1229 - 1240.

[117]　YANG Y T, LAI F H. Numerical study of flow and heat transfer characteristics of alumina-water nanofluids in a microchannel using the lattice Boltzmann method [J]. International Communications in Heat and M130 ass Transfer, 2011, 38(5): 607 - 614.

[118]　MOGHARI R M, AKBARINIA A, SHARIAT M, et al. Two phase mixed convection Al_2O_3-water nanofluid flow in an annulus[J]. International Journal of Multiphase Flow, 2011, 37(6): 585 - 595.

[119]　MITAL M. Semi-analytical investigation of electronics cooling using developing nanofluid flow in rectangular microchannels[J]. Appl. Therm. Eng. , 2013, 52 (2): 321 - 327.

[120]　MORINI G L. Scaling Effects for Liquid Flows in Microchannels[J]. Heat Transfer Engineering, 2006, 27(4): 64 - 73.

[121]　BEJAN A. Entropy generation through heat and fluid flow[M]. New York: John Wiley & Sons, 1982.